JN200038

増田 幹男 著

ソシム

## はじめに

こんにちは、みなさん。Adobe Expressの世界へようこそ。

この本を手に取っていただき、心から感謝いたします。
ここでは、デザイン初心者や未経験者の方々に向けて、
Adobe Expressの魅力と使い方を丁寧に解説しています。
デザインに興味はあるけれども、どこから始めたら良いのか分からない、
そんな方々にとって、
Adobe Expressはまさに理想的なツールです。

Adobe Expressは、使いやすさと豊富な機能を兼ね備え、
さらに生成AIを活用することができるデザインツールで、
誰でも簡単にデザインを作成することができます。
この本では、基本的な操作方法から始め、
段階的にスキルを習得できるように構成されています。
ステップバイステップで進むことで、
初めての方でも安心して
デザインの世界に足を踏み入れることができるでしょう。

デザインを始めるのは決して難しいことではありません。
豊富なAdobe Stockの素材やAdobe Fontsを活用できます。
また、直感的でシンプルなインターフェースで
初心者でもすぐに操作に慣れることができます。
このツールを使えば、皆さんのアイデアを自由に表現することが可能です。
さらに、生成AIを使うことでどんな小さなアイデアでも形にすることができます。

この本を通じて、Adobe Expressの機能を学び、
自身のクリエイティブを最大限に引き出すお手伝いができれば幸いです。

デザインは特別な才能が必要なわけではありません。
この本とAdobe Expressがあれば、
誰でも素晴らしいデザインを作ることができます。
一緒に、デザインの新しい扉を開いてみましょう。

それでは、さっそく始めてみましょう!

Adobe Community Expert
増田 幹男

CONTENTS

# 03

ORGANIC COFFEE
OPEN!
すっきり、ほっこり、スマイル
SMILE
初日ブレンド一杯サービス
2024
8/24
SAT
TEL.0000-00-0000

FASHION
2
20XX
¥790
知りたい
トレンドメイクと
コスメ三種の神器
名字名前ちゃん
100問100答
美肌の
作り方

## 04 プレミアムプランの便利な機能



## 05 動画を編集する

# 06 印刷物をデザインする

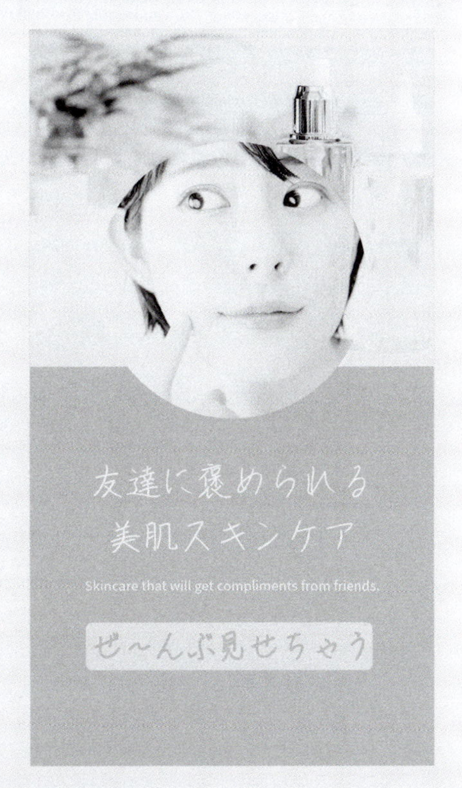

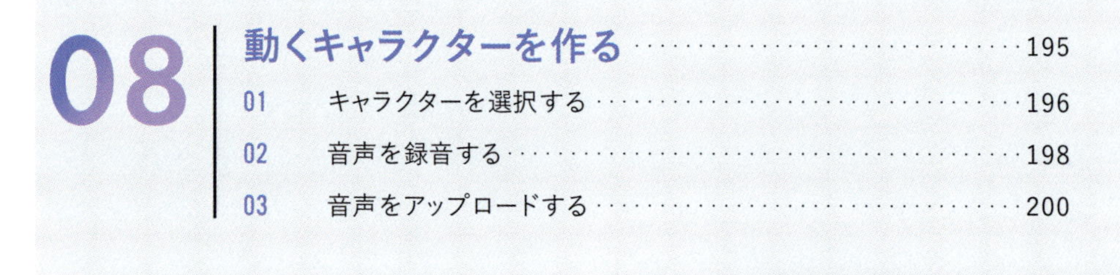

READ ON THE
PLATEAU

# 09

Meal Planning

*This is a subtitle and subtext information for your presentation*

BY RUBY CHILVERS

*April 7, 20XX*

NIGHTTIME SKINCARE
Cleanse Thoroughly
Remove makeup and cleanse your face before bed to let your skin breathe.
LEARN MORE

ROSEMARY AROMA
Original Aroma Oil
無農薬でローズマリーを栽培し
オリジナルのアロマオイルを作りました。

JEWELRY
COLLECTION
SPECIAL
DESIGN!
この季節にぴったりな新作ジュエリーを取り揃えてお待ちしています。

おやこでつくろう
＼かんたん／＼おいしい／
夏ごはん
FUJIWARA cooking studio

## Adobe Expressのテンプレートや素材について

Adobe Expressで使用できるテンプレート・素材・フォントは、日々更新されています。そのため、紙面の解説で使用しているものと同じものが見つからない場合もあります。そのときは似たようなもの、あるいはご自身が気に入ったテンプレート・素材・フォントを使って、手順を確認してください。

## 「アップロード」で使用している素材について

紙面解説で使用している一部の素材(「アップロード」で使用している写真、イラスト、映像)は、著者のオリジナル素材です。そのため、Adobe Express内で検索しても同じものはありません。お手持ちの写真・イラスト等で代用してくださいますようお願いいたします。
本書ではダウンロード用素材は用意していません。ご了承ください。

## Adobe Expressの商用利用ついて

Adobe Expressのテンプレートや素材を使用して作成したチラシやバナー、ロゴなどは、基本的に商用利用可能で、販売をすることができます。さらに、Adobe Stockの素材はロイヤリティフリーなので、ノンクレジットで商用使用することが可能です。ただし、素材の使用方法によっていくつかの制限がありますので、ご注意ください。

### 禁止事項

Adobe Expressのテンプレートに組み込まれた、あるいはアプリで提供されている写真、シェイプ、パターン等の素材を加工なしでそのままダウンロードしたり、配布をすることは禁止されています。詳細は下記をご覧ください。

・Adobe Expressで提供されている素材を加工することなく単独でダウンロードし、共有および販売すること
・Adobe Express以外のアプリで、素材にデザイン加工を加えず、単独のファイルとして使用すること
・Adobe Expressの有料メンバーシップ（プレミアムプラン）終了後に、新しいAdobe Expressプロジェクトで有料素材を使用すること

また、クライアントからの依頼や、顧客のためにAdobe Expressで提供されているAdobe Stockの素材を利用して成果物を制作することはできません。詳しくは以下のWebサイトでご確認ください。

https://www.adobe.com/jp/express/learn/blog/commercial-use

■ 免責事項

(1) 本書の一部または全部について、個人で使用する他は、著作権上、著者およびソシム株式会社の承諾を得ずに無断で複写／複製することは禁じられています。

(2) 本書の内容の運用によって、いかなる障害が生じても、ソシム株式会社、著者のいずれも責任を負いかねますので、あらかじめご了承ください。

(3) 本書の操作解説は、執筆時点（2024年7月）での最新版「Adobe Express」を使用しています。バージョンアップ等により、操作方法や画面が記載内容と異なる場合があります。また、Adobe Expressの無料プランをお使いの場合は一部の機能が使えません。あらかじめご了承ください。

(4) 本書に記載されている会社名、商品名などは一般に各社の商標または登録商標です。

# 新しいデザインツール Adobe Express

CHAPTER 01／1

# Adobe Expressとは

Adobe Express（アドビ エクスプレス）は、アドビ社が提供するオンラインのデザインツールです。誰でも手軽にSNS用画像やその他のコンテンツを作成することができます。

## 1 初心者でも高クオリティの作品を作成できる

Adobe IllustratorやAdobe Photoshopなどのアドビ社のクリエイティブツールは、プロの現場で長らく愛用され、現在も第一線で活躍するクリエイターにとって欠かせないアプリケーションです。しかし、これらのツールは初心者にとって習得に時間がかかり、デザインのハードルを高く感じることもあります。

Adobe Expressは、使いやすいインターフェースとアドビ社が長年培ってきたデザインのノウハウを活かした豊富なテンプレートが提供されており、**デザインの初心者でも簡単に美しいデザインを作成**できます。

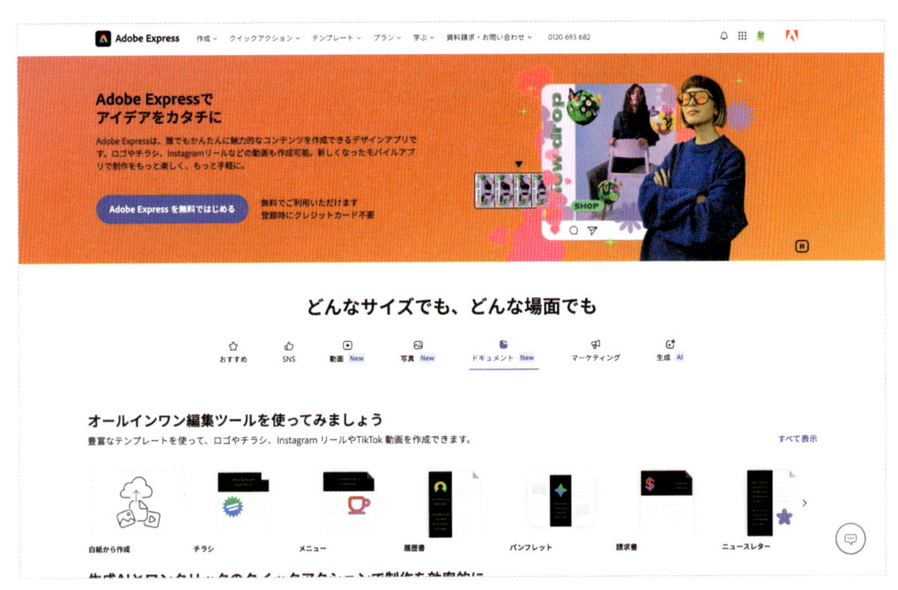


Adobe Expressのウェブサイト　https://www.adobe.com/jp/express/

## 2 豊富なテンプレート

Adobe Expressにはたくさんのテンプレートが用意されています。無料版でも、10万点以上のテンプレートが利用可能です。

テンプレートは、SNS向けの画像やチラシ、ポスターなど、最適なサイズがあらかじめ設定されているので、予備知識がなくても安心してデザインを始めることができます。

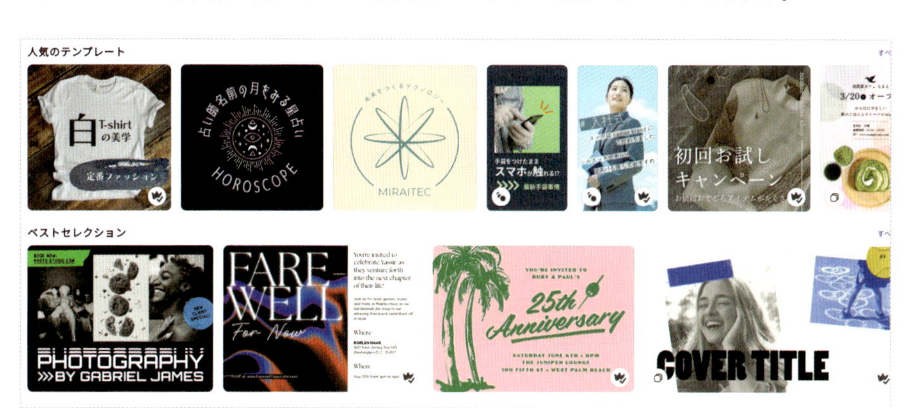

Adobe Expressにはたくさんのテンプレートが用意されているので、
テンプレートを選ぶだけでオリジナルのコンテンツを作成可能。

## 3 たくさんの素材やフォントを利用できる

Adobe Expressでは、アドビ社の**ロイヤリティフリー素材**（写真、動画、ミュージック、デザイン要素）が無料プランの場合は100万点以上、プレミアムプランの場合は2億点以上使用できます。

さらに、オーソドックスなフォントからかわいいフォントやポップなフォントなど、**無料プランの場合は1,000種類以上、プレミアムプランの場合は2万5,000種類以上のフォントを使用できます**。

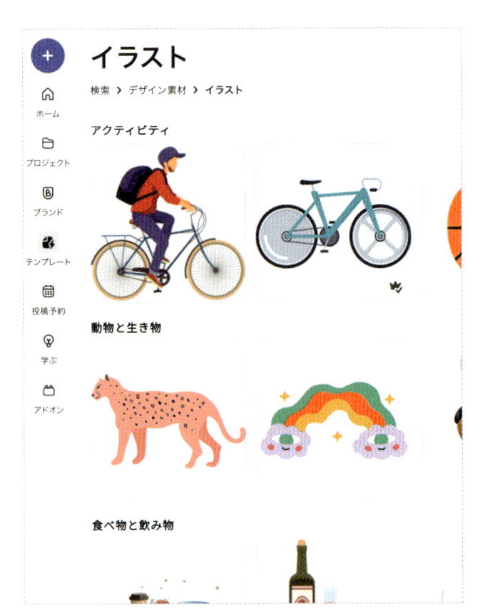


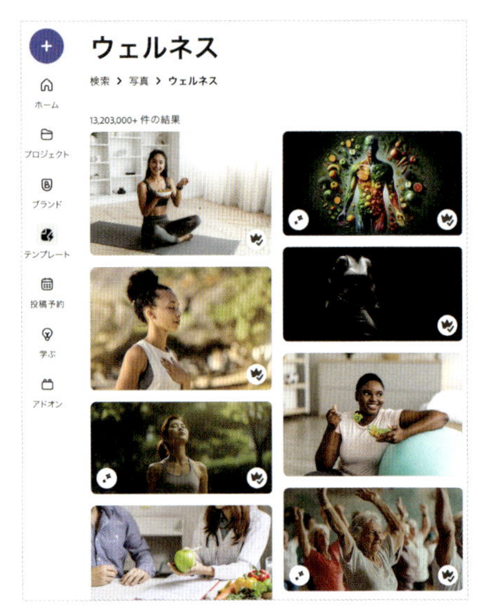


イラストや写真の素材を背景やアクセントとして配置できる。

デザインに応じたフォントを自分で選ぶことも、Adobe Expressが推奨するフォントを選ぶこともできる。

## 4 無料で利用できる

Adobe Expressは、アカウントを登録すれば**誰でも無料で利用できます**。

無料版でも十分な機能をそなえていますが、有料のプレミアムプランではより多くの機能を利用できます。

アカウントは、GoogleやFacebookのアカウントを利用できるほか、メールアドレスを登録することもできる。

## 5 デバイス間を超えて作業できる

Adobe Expressで作成したコンテンツはクラウドに自動保存されます。

そのため、同じアカウントでログインすれば、**異なるパソコンやスマートフォンから編集**できます。

スマートフォン版Adobe Express

CHAPTER 01/2

# 初めてでも楽しくデザイン

Adobe Expressは、使いやすいインターフェースと豊富なテンプレートが用意されています。初心者でもすぐに美しいデザインを作成できます。

## 1 わかりやすい操作

Adobe Expressでコンテンツを作成するには、作りたいものを選ぶところから始めます。作りたいものを選ぶとテンプレートが表示されるので、イメージに合ったテンプレートを選択しましょう。

テンプレートを選択したあとは、パネルからドラッグ操作で素材の配置やサイズの変更などができます。画面を見ながら、直感的な操作でデザインを編集できます。

作りたいものを選んで作り始める。

画面に表示されるパネルから素材を選択したり、
ドラッグして位置やサイズを変更したりしてデザインを編集する。

## 2 テンプレートからおしゃれなデザインを作成



Adobe Expressには豊富なテンプレートが容易されているので、白紙の状態から作り始める必要はありません。

テンプレートの文字や写真を変更したり、新しい素材を追加したりするだけで見栄えのするデザインを作成できます。

テンプレートを編集してオリジナルのコンテンツが作成できる。

CHAPTER 01／3

# Adobe Expressでできること

Adobe Expressでは、さまざまなコンテンツを作成できます。
ここでは、SNSの向けの画像や印刷物、プレゼン資料など、代表的なものを紹介します。

## 1 SNS向け画像を作成できる

InstagramやPinterest、Facebookなど、SNS向けの画像を作成できます。

デザイン性の高い豊富なテンプレートを使い、わずか数ステップで、おしゃれな画像を作成できます。テンプレートを使わずにオリジナルの画像を作成することもできます。

## 2 動画を編集可能

TikTokやInstagramのリールやストーリーズなどの動画作成も、かんたんな操作で思い通りに編集できます。

自動字幕作成機能や背景削除機能、アニメーションを活用して、素敵な動画を作成してみましょう。

YouTube用サムネール

TikTok動画

Instagramリール

## 3 チラシやポスターなどの印刷物にも対応

Adobe Expressで作成したコンテンツは、PDF形式でダウンロードして印刷できるので、ショップのロゴやメニュー、イベントのチラシやポスターなどに利用できます。

## 4 目を引くプレゼン資料を作成できる

ビジネスでのプレゼンテーション用テンプレートも充実しています。デザイン性の高いプレゼン資料を簡単に作成できます。

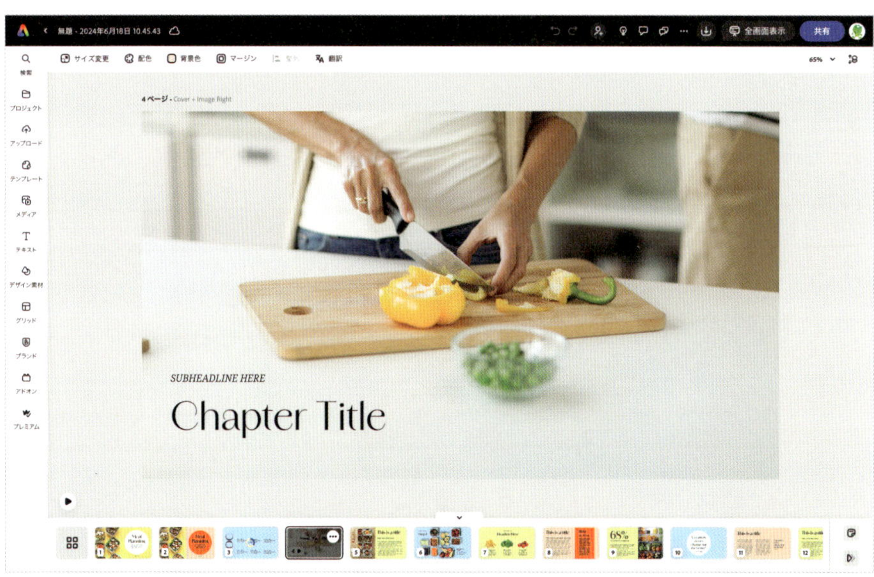

## 5 音声に合わせて動くキャラクターを自動的に作成

Adobe Expressでは、音声の内容に合わせて動くキャラクターを作成できます。商品の説明やイベントの案内などに活用できます。

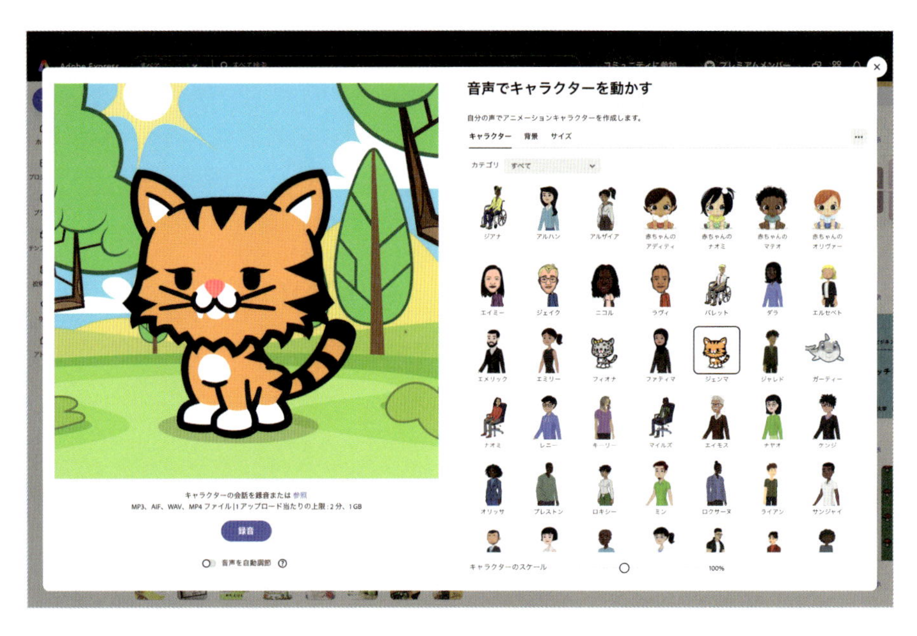

## 6 生成AIを使った画像も作成できる

アドビ社の「Adobe Firefly」生成AIエンジンを使ってイラストや画像を作成できます。

Adobe Fireflyのウェブサイト **https://firefly.adobe.com/**）

## Adobe Expressを学ぶ

Adobe Expressでは、基本操作から高度な機能まで、豊富なチュートリアルやヒントが用意されています。

操作方法を知りたいときや、アイデアを得たい場合などに活用しましょう。

チュートリアルを利用するには、ホーム画面左側のメニューから[**学ぶ**]❶をクリックします。

チュートリアルの一覧が表示されるので、知りたい項目をクリックすると、解説文や動画が表示されます。

たとえば、[**エディターやテンプレートにメディアを追加する方法**]❷をクリックすると、写真やビデオ、オーディオを追加する方法についてのチュートリアルを利用できます。

# Adobe Expressを はじめよう

CHAPTER 02 / 1

# Adobe Expressに登録する

Adobe Expressは、デザインスキルがない方でも感覚的に画像やSNSのリール動画を作成できるツールとして注目されています。ここでは、Adobe Expressの概要と登録方法を解説します。

## 1 Adobe Expressのウェブサイトにアクセスする

Adobe Expressのウェブサイトにアクセスします。画面左にある[**Adobe Expressを無料ではじめる**]❶をクリックします。

Adobe Expressのウェブサイト　https://www.adobe.com/jp/express/

[**Adobe Expressに無料登録またはログイン**]の画面が表示されます。

4つの方法❷のいずれかを選択してログインするか、新しいアカウントを作成します。

GoogleのGmailを利用されている方は[**Googleでログイン**]、Facebookを利用されている方は[**Facebookでログイン**]が素早く登録できて便利です。店舗など、複数人で利用する場合は、[**メールアドレスでログイン**]を選択すると管理しやすいでしょう。

## 2 Googleでログインする

[Googleでログイン]を選択すると、[アカウントの選択]画面が表示されます。

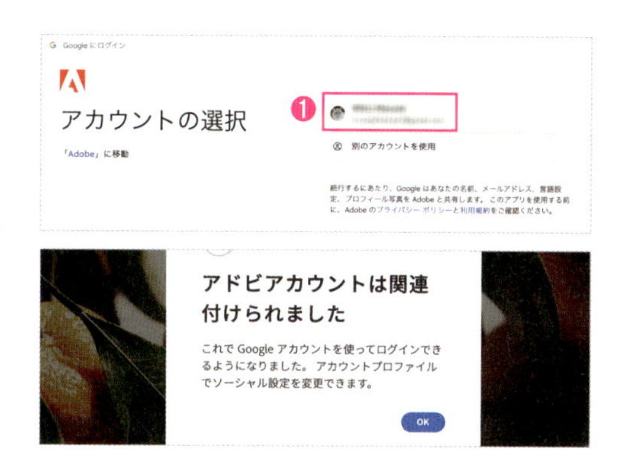


Googleアカウント❶を選択し、画面の指示に従って進めます。Googleアカウントとアドビアカウントを関連付けすると、Googleアカウントを使ってAdobe Expressにログインできるようになります。

## 3 メールアドレスでログインする

[メールアドレスでログイン]を選択した場合は、[ログイン]画面が表示されます。アドビアカウントをお持ちの場合は、メールアドレスを入力してログインします❶。

アドビアカウントを持っていない場合は、[アカウントを作成]❷をクリックし、画面の指示に従ってアカウントを作成してください。

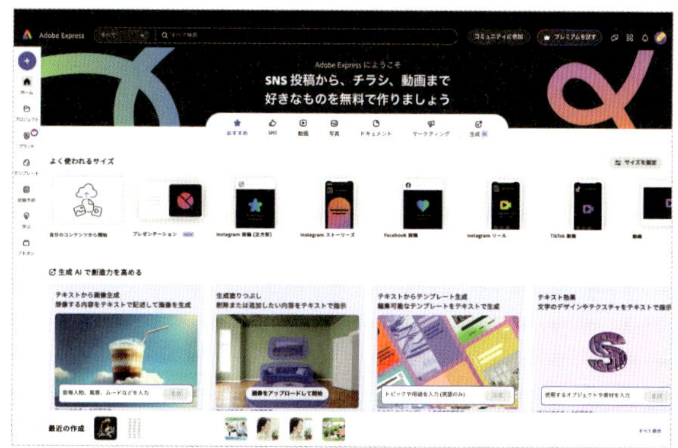


ログインした状態のAdobe Expressのトップページ

CHAPTER 02 / 2

# Adobe Expressの基本画面

Adobe Expressでは、インスタグラムの投稿やリール、印刷物のチラシなど、さまざまなコンテンツを作成することができます。ここでは、基本的な画面構成について解説します。

## 1 ホーム画面

Adobe Expressの画面は、[**ホーム画面**]と[**編集画面**]に大別されます。ホーム画面は、作成するコンテンツを選ぶ画面です。

| | |
|---|---|
| ❶[+]ボタン | [**新規作成**]または[**クイックアクション**]から作業を始めます。 |
| ❷[**ホーム**] | ホーム画面に戻ります。 |
| ❸[**プロジェクト**] | プロジェクトの管理画面を表示します。 |
| ❹[**ブランド**] | ブランドの追加や管理ができます(プレミアムプランの機能)。 |
| ❺[**テンプレート**] | テンプレートの検索ができます。 |
| ❻[**投稿予約**] | SNSへのスケジュール投稿ができます。 |
| ❼[**学ぶ**] | Adobe Expressクリエイターからアドバイスを受けることができます。 |
| ❽[**アドオン**] | 一覧からアドオンの追加や詳細情報を入手できます。 |
| ❾[**検索ボックス**] | テンプレートや写真、動画など、素材やアセットの検索ができます。 |
| ❿[**コンテンツ**] | 作成するものを選択できます。 |
| ⓫[**コミュニティに参加**] | Discordを使用したコミュニティに参加できます。 |
| ⓬[**プレミアムを試す**] | プレミアムプランへのアップグレードができます。 |

# 2 編集画面

編集画面は、文字の変更や画像の加工、動画の編集など、実際に作業を行う画面です。

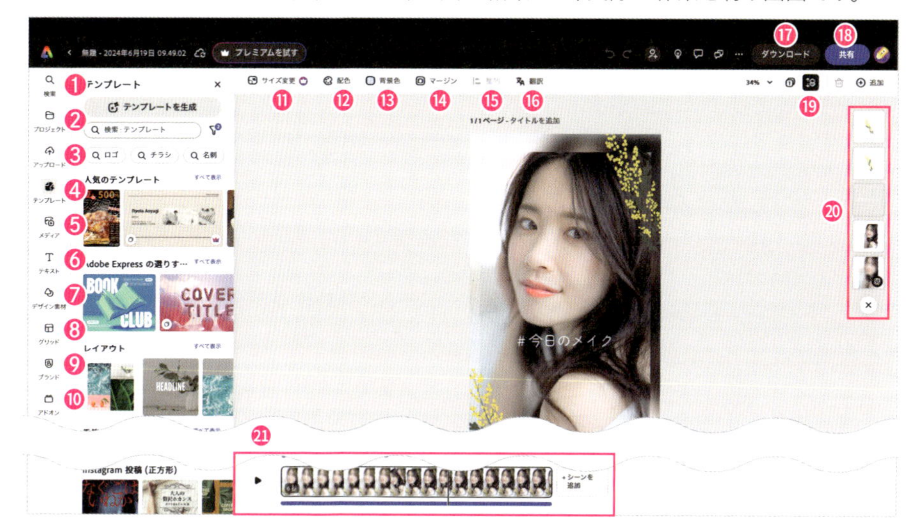

❶［検索］　テンプレートや写真、デザイン素材などを検索できます。
❷［プロジェクト］　作成したプロジェクトやブランド、ライブラリを表示します。
❸［アップロード］　データのアップロードができます。
❹［テンプレート］　テンプレートの変更や追加ができます。
❺［メディア］　写真や動画、オーディオの追加や変更などができます。
❻［テキスト］　テキストの追加や編集ができます。
❼［デザイン素材］　背景やシェイプ、アイコンなどを配置できます。
❽［グリッド］　配置した画像をグリッドで配置できます。
❾［ブランド］　ブランド機能を利用できます（プレミアムプランの機能）。
❿［アドオン］　アドオンを追加できます。
⓫［サイズ変更］　ページのサイズを変更できます（プレミアムプランの機能）。
⓬［配色］　ページ内で使用するカラーテーマを設定できます。
⓭［背景色］　ページ内の背景色を変更できます。
⓮［マージン］　マージンや裁ち落としの表示／非表示を設定できます。
⓯［整列］　配置したオブジェクトを整列できます。
⓰［翻訳］　配置したテキストが翻訳されたページを作成できます。
⓱［ダウンロード］　作成したページをダウンロードできます。
⓲［共有］　SNSへ公開できます。
⓳［レイヤーボタン］　［レイヤーパネル］の表示／非表示を設定できます。
⓴［レイヤーパネル］　レイヤーの並び替えや削除などができます。
㉑［タイムライン］　動画の編集ができます。

CHAPTER 02 / 3

# コンテンツを作る流れ

ここでは、Adobe Expressでコンテンツを作成する作業の流れを解説します。
大きく7つのステップがあります。

## 7つのステップ

Adobe Expressでコンテンツを作成する工程は、大きく7つのステップに分けられます。

**①コンテンツを選択する**

SNSや動画など、デザインするコンテンツを選択します。

▼

**②テンプレートを選択する**

コンテンツに応じたテンプレートを選択します。

▼

**③文字を編集する**

テンプレートの文字を編集し、オリジナルの文章を作ります。

▼

**④画像を変更・加工する**

目的に合った画像に変更します。

▼

**⑤背景を編集する**

背景の色や画像を、コンテンツに合わせます。

▼

**⑥デザイン素材を追加する**

アクセントとなるイラストやアイコンを配置します。

▼

**⑦パソコンにダウンロードする**

デザインしたコンテンツをパソコンにダウンロードします。

## 1 コンテンツを選択する

まずは作成したいコンテンツを選択します。**[おすすめ][SNS][動画][写真][ドキュメント][マーケティング][生成AI]**の7つがあります❶。

## 2 テンプレートを選択する

コンテンツを選択したら、テンプレートを選択します。

Adobe Expressのテンプレートには、SNSに投稿する画像や印刷物など、最適なサイズがあらかじめ設定されています。予備知識がなくても安心してデザインを始めることができます。

王冠マークが表示されているテンプレートは、プレミアムプランでしか使用できない素材が含まれています。

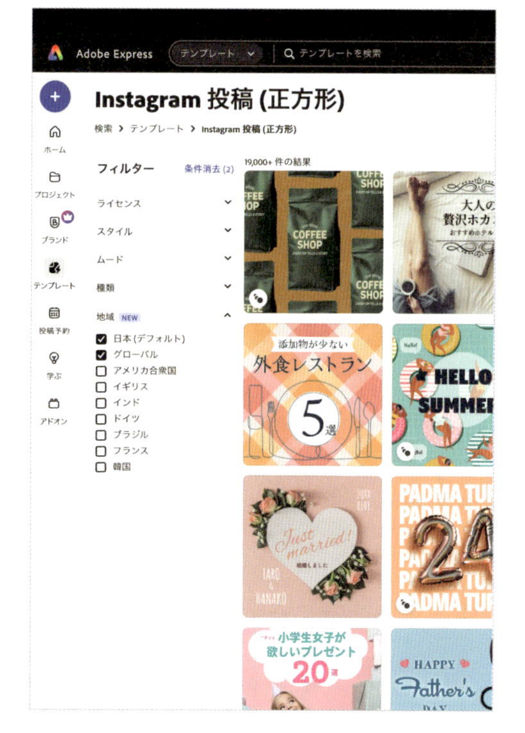

## 3 文字を編集する

テンプレートの文字を編集し、オリジナルの文章を作りましょう。

Adobe Expressでは、1,000種類以上のAdobe Fontsを利用できます。

プレミアムプランでは、25,000種類以上のAdobe Fontsを利用できます。

## 4 画像を変更・加工する

デザインの第一印象を左右するもっとも重要な部分は画像といえます。デザインのテーマに合った写真に変更しましょう。

Adobe Expressでは、Adobe Stockの中からたくさんの画像を利用できます。データをアップロードして、オリジナルの画像を使用することもできます。

プレミアムプランでは、画像の他、動画やオーディオなど、2億点以上の素材（2024年7月時点）を使用できます。

## 5 背景を編集する

背景色をイメージに合ったカラーにすると、デザインの印象をさらに変えることができます。画像を背景として使用するのも効果的です。

## 6 デザイン素材を追加する

Adobe Expressには、たくさんのイラストやアイコンなどの素材が用意されています。これらの素材をアクセントとして加えることができます。

アドオンを追加すると、Adobe Stock以外の素材を追加できます。

## 7 パソコンにダウンロードする

作成したコンテンツは、パソコンやタブレットなどにダウンロードできます。

また、作成中のコンテンツは、自動的に保存されます。従来のアプリケーションのように保存し忘れることがありません。

コンテンツには名前をつけることもできるので、管理しやすい名前を設定しましょう。

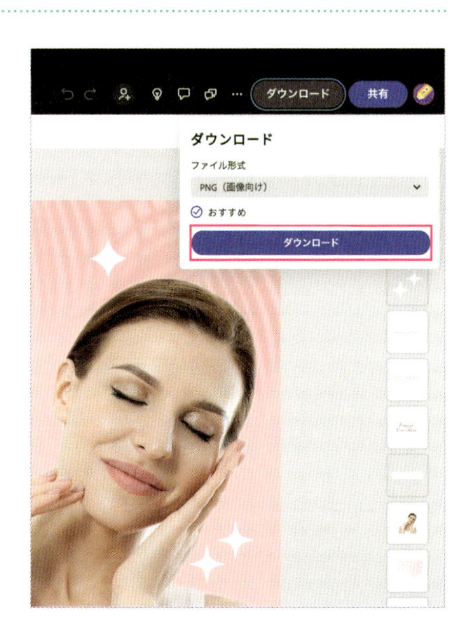

## Google Chromeの拡張機能を利用する

ウェブブラウザー「Google Chrome」にAdobe Expressの拡張機能をインストールすると、ウェブサイトの画像をAdobe Expressで直接編集することができます。

Googleウェブストア(https://chromewebstore.google.com/)にアクセスし、[検索ボックス]❶から「Adobe Express」を検索します。

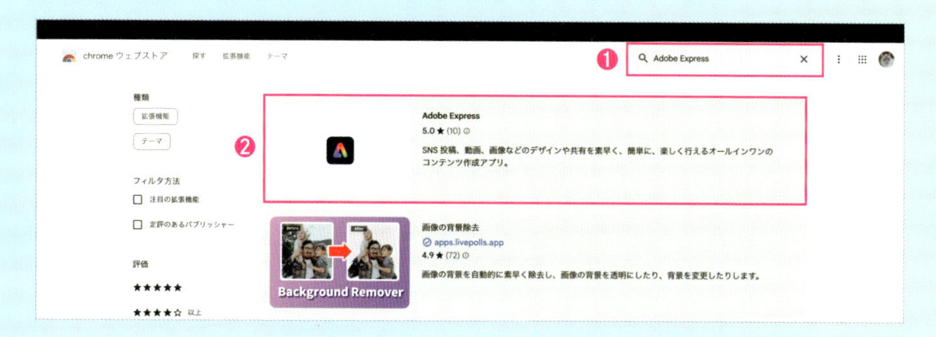


検索結果から[Adobe Express]❷を選択すると、拡張機能の概要が表示されます。[Chromeに追加]❸をクリックします。

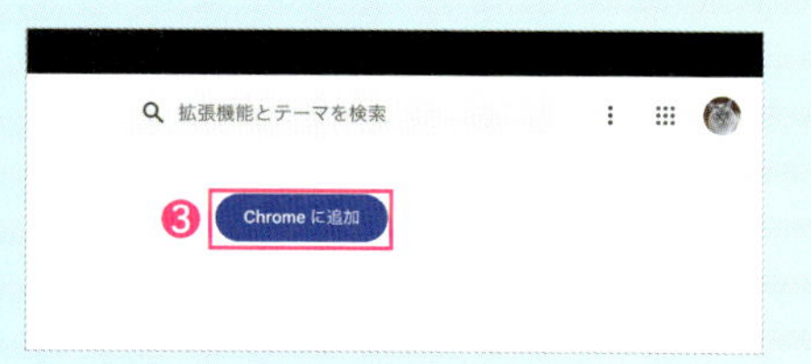


確認のメッセージが表示されるので、[拡張機能を追加]❹をクリックすると、Google Chromeに拡張機能がインストールされます。

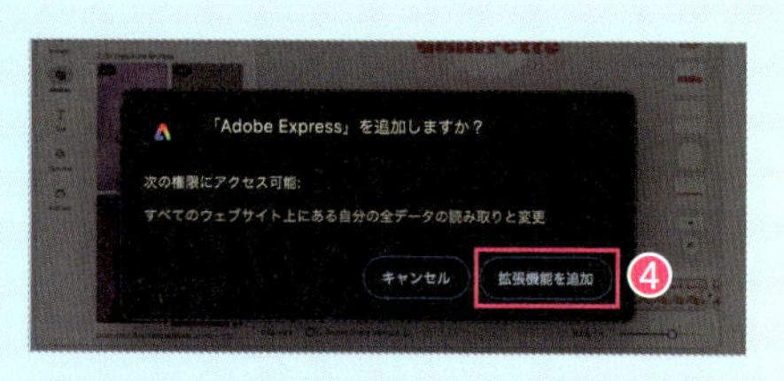


ただし、インストールしただけでは拡張機能を使用できません。ツールバーに固定すると、使用できるようになります。

拡張機能をツールバーに固定するには、Google Chromeのアドレスバーの右上にある[拡張機能]❺をクリックし、[Adobe Express]❻の横にある[ピン]をクリックします。ピンの色が青色になると、ツールバーに固定されます。

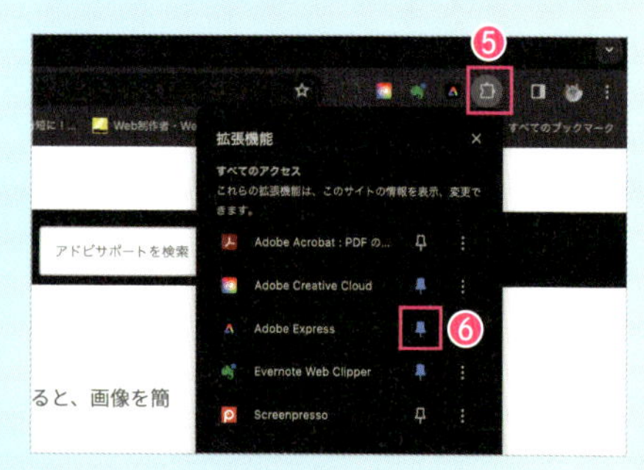

拡張機能をインストールしたら、画像上で右クリックし、**[Adobe Expressで編集]**❶を選択すると、編集項目が表示されます。

目的の編集項目（ここでは**[新規プロジェクトを作成]**）❷を選択すると、Adobe Expressの編集画面が表示されます。

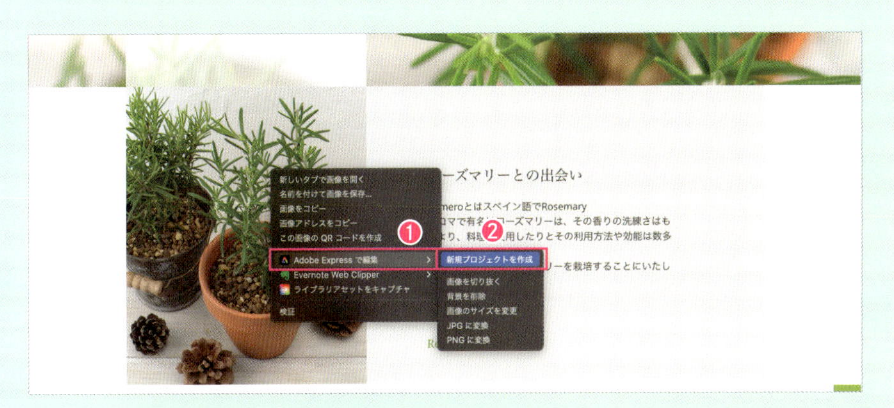


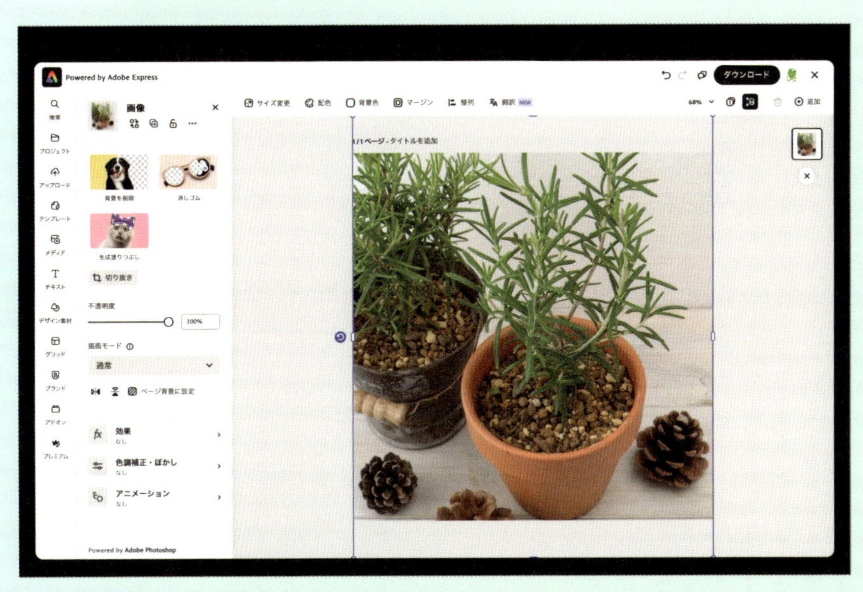


なお、ウェブサイト上の画像には著作権が発生します。扱いには十分注意してください。また、拡張機能を利用するには、Adobe Expressにログインしている必要があります。

CHAPTER 02 / 4

# コンテンツを選択する

Adobe Expressでデザインを始めるには、まずはコンテンツを選択します。「おすすめ」「SNS」「動画」「写真」「ドキュメント」「マーケティング」「生成AI」の中から選ぶことができます。

## 1 ホーム画面から選択できるコンテンツ

ホーム画面の上部中央に表示されるメニューから、作成するコンテンツを選択します。

| | |
|---|---|
| ❶[おすすめ] | 「SNS」や「生成AI」など、よく使われるサイズやテンプレート、おすすめのアドオンなどを選ぶことができます。<br>Adobe Expressにログインすると最初に表示されるホーム画面では、[おすすめ]が表示されています。 |
| ❷[SNS] | 「おすすめのSNSテンプレート」や「SNSのクイックアクション」を選択できます。 |
| ❸[動画] | 動画でよく使われる「動画のクイックアクション」や、「おすすめの動画テンプレート」「おすすめのAdobe Stock動画」などを選択できます。 |
| ❹[写真] | 「写真のクイックアクション」や「テキストから画像生成」「生成塗りつぶし」「おすすめの写真テンプレート」などを選択できます。 |
| ❺[ドキュメント] | チラシやポスター、パンフレットなど、印刷物のテンプレートを選択できます。 |
| ❻[マーケティング] | ロゴやプレゼン資料、Webサイトなどを選択できます。 |
| ❼[生成AI] | 「テキストから画像生成」や「生成塗りつぶし」など、Adobe Firefly(アドビ社が提供する生成AI)を利用した制作ができます。 |

## 2 作成するコンテンツを選択する

作成するコンテンツを選択しましょう。ここでは、SNSのコンテンツを作成する場合について解説します。

Adobe Expressにログインすると、ホーム画面❶が表示されます。

上部中央のメニューから[SNS]❷をクリックすると、SNSに関連するテンプレートやSNSでよく使われる機能❸が表示されます。

CHAPTER 02 / 5

# テンプレートを選択する

Adobe Expressには、たくさんの美しいテンプレートが用意されています。テンプレートを使って、素敵なコンテンツを作成しましょう。テンプレートの選択方法はいくつかあるので紹介します。

## 1 人気のテンプレートから選択する

トップページをスクロールすると表示される[人気のテンプレート]❶からテンプレートを選択できます。

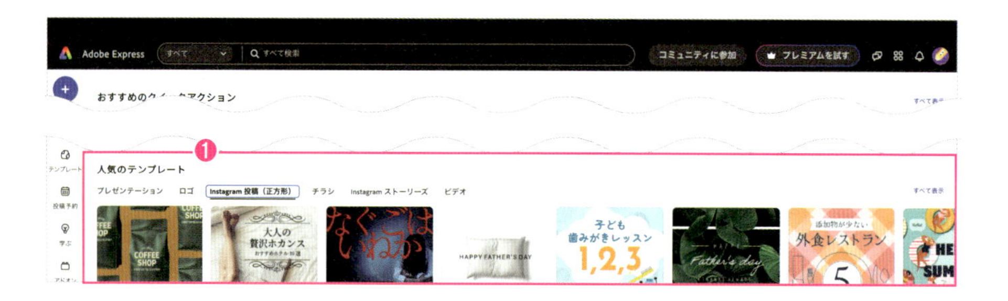


## 2 コンテンツからテンプレートを選択する

コンテンツ（ここでは[SNS]❶）を選択すると、[おすすめのSNSテンプレート]❷からテンプレートを選択できます。はじめは一部のテンプレートしか表示されていませんが、[すべて表示]❸をクリックすると、すべてのテンプレートが表示されます。

## 3 サイズを決めてからテンプレートを選択する

ホーム画面左側のメニューにある[+]ボタン❶をクリックし、[**新規作成**]タブ❷をクリックします。

表示されたパネルの中から目的のサイズ（ここでは[**正方形**]❸）をクリックすると、白紙のファイルが作成されます。

編集画面左側のメニューにある[**テンプレート**]❹をクリックすると、テンプレートの一覧が表示されます。テンプレートを選択❺すると、白紙にテンプレートが設定されます❻。

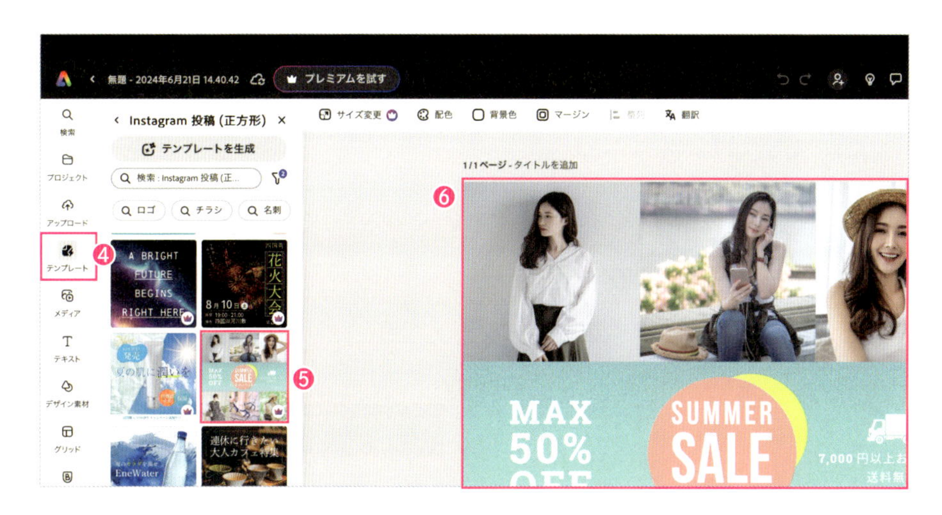


### Check テンプレートを検索する

ホーム画面上部にある[**検索ボックス**]にキーワードを入力し❶、検索の対象を[**テンプレート**]❷にすると、テンプレートを検索できます。

CHAPTER 02 / 6

# 文字を編集する

テンプレートを選択したら、文字を編集してみましょう。
フォントの変更も簡単です。無料プランでも1,000種類以上のフォントを利用できます。

## 1 文字を編集する

テンプレートを選択すると、編集画面に切り替わります。編集したい文字をダブルクリックすると、文字を編集できます。

## 2 文字の色を変更する

文字❶をクリックすると、テキストボックスが選択されます。

画面左側のパネルで[塗り]❷をクリックし、[スウォッチ]タブ❸をクリックします。

[おすすめ]❹には、デザインに応じた色が表示されます。この中から色を選択すると、デザインの調和が保たれます。

[おすすめ]に目的の色がない場合は、[別のカラーを追加]❺をクリックします。

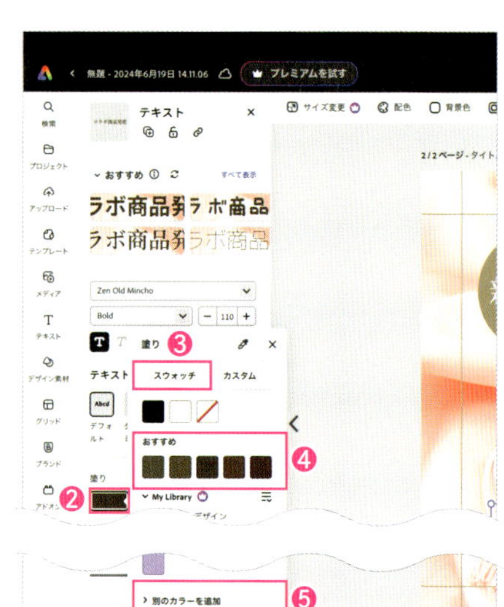

王冠マークが表示されている[My Library]の色は、プレミアムプランに登録すると利用できます。

Adobe Expressにあらかじめ用意されている色が表示されるので、目的の色❻をクリックすると、文字の色が変更されます。

## Check

### オリジナルの色を使用する

オリジナルの色を使用したい場合は、[カスタム]タブ❶をクリックし、カラースライダーをドラッグします。

ウェブで使われる「16進法」や「RGB」で色を指定することもできます。

## 3 フォントを変更する

Adobe Expressではたくさんのフォントを利用できるので、デザインに合ったフォントを探すのは手間がかかります。文字を選択❶し、画面左側のパネルに表示される［**おすすめ**］から［**すべて表示**］を選択すると、AIがおすすめするフォント❷が表示されます。フォントを探す手間を省くことができるので便利です。

使用するフォントが決まっている場合は、［**フォントボックス**］❸からフォントを選択することもできます。

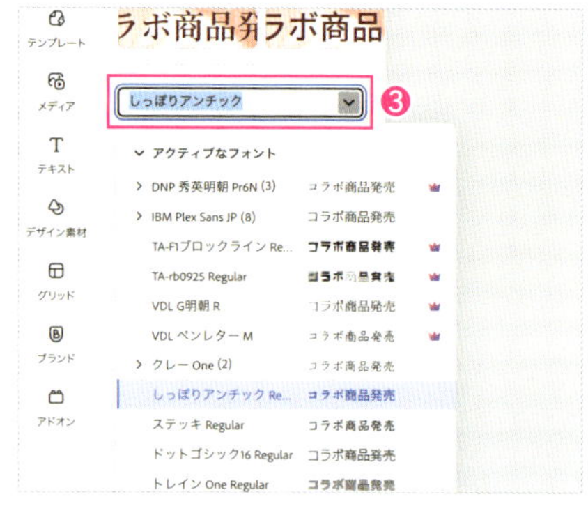

王冠マークが表示されているフォントは、プレミアムプランに登録すると使用できます。

# 4 文字の大きさを変更する

文字の大きさを変更するには、文字を選択し、画面左側のパネルにある＋または－❶をクリックします。

文字の大きさは、［**フォントサイズボックス**］に数値を入力したり、文字の四隅をドラッグしたりして変更することもできます。

## Check

### 縁取り文字を作成する

縁取り文字を作成するには、［**塗り**］❶で文字の色、［**アウトライン**］❷で縁の色を設定します。

縁の太さは、［**アウトラインの幅**］❸で設定できます。

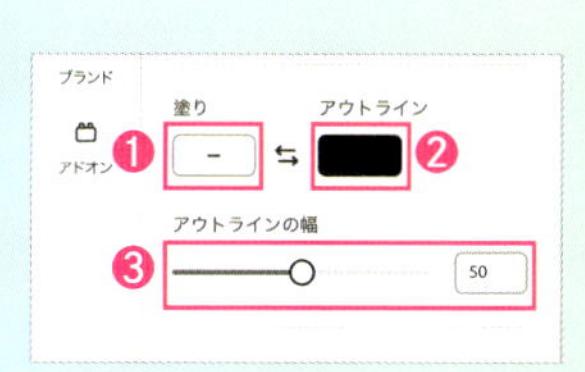

## 5 文字のレイアウトを変更する

文字のレイアウトを変更するには、文字を選択し、画面左側の[**テキストレイアウト**]から目的のレイアウトを選択します。

ここでは、[**ダイナミック**]❶を設定しました。

**●設定できるレイアウト**

| | |
|---|---|
| **デフォルト** | 通常のレイアウトです。 |
| **ダイナミック** | 複数行のテキストを、行ごとに文字の大きさを変えて表示します。 |
| **円** | 文字を円形に表示します。 |
| **半円（上）** | 文字を半円の上側に沿って表示します。 |
| **半円（下）** | 文字を半円の下側に沿って表示します。 |

## 6 文字に効果を設定する

Adobe Expressでは、[シャドウ]や[文字フレーム][アニメーション]といった効果のほか、生成AIを利用した[テキスト効果]を設定できます。

特に生成AIを利用した[テキスト効果]は、これまで経験豊富なデザイナーでなければ作れなかったようなテキストイメージを簡単にデザインできるので、表現の可能性が劇的に広がったといえます。

[テキスト効果]を設定するには、文字を選択し、画面左側の[テキスト効果]❶をクリックします。

[どのような感じにしたいですか？]❷に効果のイメージを入力します。ここでは「茶色い猫の毛でできた文字」と入力しました。

[結果]❸に表示される一覧から、イメージに合ったデザインをクリックします。

CHAPTER 02 / 7

# 画像を変更・加工する

テンプレートの画像を変更してみましょう。画像を変更すると、イメージが一気に変わります。明るさや彩度を変更することもできます。

## 1 画像を変更する

画像を変更するには、まず画像を選択します。コンテキストツールバーが表示されるので[置換]❶をクリックします。

ここでは、ローズマリーの画像に変更します。[検索ボックス]❷に「ローズマリー」と入力し、画像を検索します。

検索結果の中から目的の画像❸を選択し、[置換]❹をクリックすると、画像が変更されます。

[デバイスからアップロード]❺をクリックすると、パソコンから画像をアップロードできます。

## 2 画像の明るさや彩度を設定する

画像の明るさや彩度を変更するには、画像を選択し、画面左側のパネルから**[色調補正・ぼかし]**❶をクリックします。

**[明るさ]**❷と**[彩度]**❸のスライダーをドラッグすると、明るさと彩度が変更されます。

**[ディティール]**❹のスライダーをドラッグすると、シャープさやぼかしを設定できます。

## 3 描画モードを変更する

[**描画モード**]を変更すると、画像全体のイメージや雰囲気を変更できます。

描画モードを変更するには、画像を選択し、画面左側のパネルから[**描画モード**]❶をクリックして、目的の描画モードを選択します。[**通常**]、[**乗算**]、[**スクリーン**]から選択できます。

ここでは、[**スクリーン**]❷を設定しました。

## 4 効果を設定する

画像に**[効果]**を設定すると、色合いを変更できます。

画像に効果を設定するには、画像を選択し、画面左側のパネルから**[効果]**❶をクリックして、目的の効果を選択します。**[モノクロ]**[**暗く**][**淡色**][**彩色**]から選択できます。

ここでは、**[淡色]**❷を設定しました。

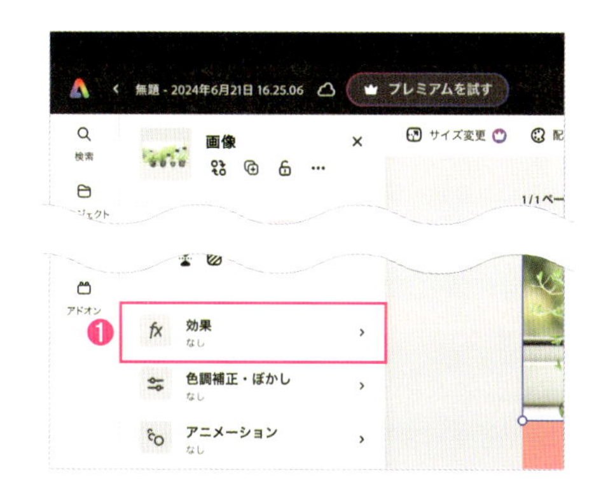

効果では、**[ダブルトーン]**を設定することもできます。ダブルトーンの色は、任意の色に変更できます。

CHAPTER 02 / 8

# 背景を編集する

背景を変更すると、全体のイメージが大きく変わります。
デザインにマッチしたカラーリングを心がけましょう。

## 1 背景色を変更する

背景色を変更するには、編集画面上部の[背景色]❶をクリックします。

[おすすめ]❷には、デザインに応じた色が表示されます。

[別のカラーを追加]❸をクリックすると、色の一覧が表示されるので、イメージする色をクリックします。ここでは、グリーン❹にしてみました。

## 2 背景に画像を設定する

背景に、画像などの素材を設定することもできます。

画面左側のメニューから[**デザイン素材**]❶をクリックします。

[**背景**]タブ❷をクリックすると、さまざまな背景の素材が表示されます。ここでは、春のイメージを使いたいので、[**検索ボックス**]❸に「春」と入力して検索しました。

検索結果の中からデザインにマッチした画像❹をクリックすると、背景が変更されます。

CHAPTER 02 / 9

# デザイン素材を追加する

テンプレートをそのまま使用しても美しいデザインを作成できますが、
素材を追加すると、一層イメージしたビジュアルに近づけることができます。

## 素材を追加する

Adobe Expressには、たくさんの素材が用意されています。ここでは、「オーバーレイ」の素材を追加します。

画面左側のメニューから[デザイン素材]❶をクリックし、[オーバーレイ]の[すべて表示]❷をクリックして、オーバーレイのすべての素材を表示します。

ここでは、[ライト]の[すべて表示]❸をクリックし、さらに表示された中から[シャドウ]の[すべてを表示]をクリックします。表示された一覧から素材をクリックして追加しました❹。

### 追加できるデザイン素材

| | |
|---|---|
| ブラシ | エアブラシや筆を使用して表現した素材 |
| 要素 | ワンポイントで使用できる切り抜き写真や装飾 |
| フレーム | 額縁や特殊効果を使用したフレーム素材 |
| イラスト | 動物や自然素材、イベントなどのイラスト素材 |
| オーバーレイ | 素材に重ねて使用できる素材 |
| テクスチャ | テクスチャとして使用できる素材 |

CHAPTER 02/10

# パソコンにダウンロードする

Adobe Expressで作成したコンテンツをパソコンにダウンロードすると、さまざまな用途で利用できます。



## ● パソコンにダウンロードする

作成したコンテンツをダウンロードするには、画面右上の［**ダウンロード**］❶をクリックします。

［**ファイル形式**］からファイル形式（ここでは［**PNG**］❷）を選択し、［**ダウンロード**］❸をクリックすると、ダウンロードがはじまります。

●ダウンロードできるファイル形式

| | |
|---|---|
| PNG | 画像向け |
| JPG | データサイズが小さい画像向け |
| PDF | ドキュメント向け |

CHAPTER 02 11

# ファイルを保存する

Adobe Expressでは、制作したコンテンツをファイルとして管理しています。
ファイルは自動的に保存されるため、保存の作業は必要ありません。

## ● 作成したファイルを保存する

Adobe Expressのファイルは、リアルタイムでAdobe Expressのクラウドサーバーに保存されます。何らかの理由で作業が中断されても、最後に作業した内容は安全に保存されているため、次回ログイン時にその状態から作業を再開できます。

画面上部にあるAdobe Expressのアイコンの右隣には、ファイルの名前❶が表示されます。初期設定では、「無題-(作成年月日)」と設定されています。クリックすると、名前を入力できる状態になるので、わかりやすい名前に変更しましょう。

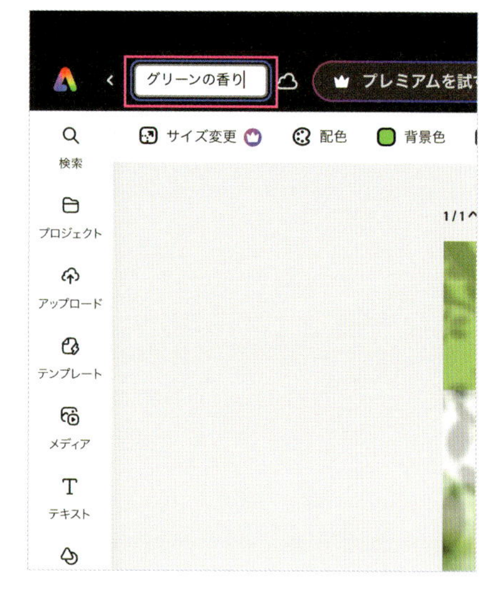


自動保存機能を最大限に活用するためには、安定したインターネット接続が必要です。

CHAPTER 02/12

# ファイルを読み込む

ファイルはクラウドサーバーに保存されるので、
どのデバイスからでも最新の状態で読み込むことができます。



## 1 最近作成したファイルを読み込む

保存されたファイルは、ホーム画面下部の[最近の作成]❶に表示されます。読み込みたいファイルをクリックすると、編集画面に表示されます。

## 2 保存されているファイルを読み込む

ホーム画面左側のメニューから[プロジェクト]❶をクリックすると、保存されているファイルの一覧が表示されます。

編集したいファイルをクリックすると、編集画面に表示されます。

### プロジェクトとは

Adobe Expressの[プロジェクト]とは、ファイルやブランド、ライブラリをまとめて管理する機能のことです。
企業が新製品を市場に投入するといった場合、SNS投稿やポスター、パンフレットなどのコンテンツのデザインが統一されている必要があります。
Adobe Expressでは、プロジェクト化することで、制作の効率化とデザインの統一性を実現しています。

CHAPTER 02 13

# クイックアクションから編集する

Adobe Expressには、よく使う機能が「クイックアクション」として登録されています。
クイックアクションを利用すると、効率よくデザインを編集できます。

## ● クイックアクションを実行する

「クイックアクション」は、ユーザーが素早く、効率的に作業するための機能です。

「画像のリサイズ」や「ビデオのトリミング」、「背景の削除」、「ロゴの作成」などの作業が、複雑な操作や専門的な知識を必要とせず、数クリックで簡単に実行できます。

ホーム画面の[+]ボタン❶をクリックし、[クイックアクション]タブ❷をクリックすると、クイックアクションの一覧が表示されます。目的のクイックアクションをクリックすると、実行できます。

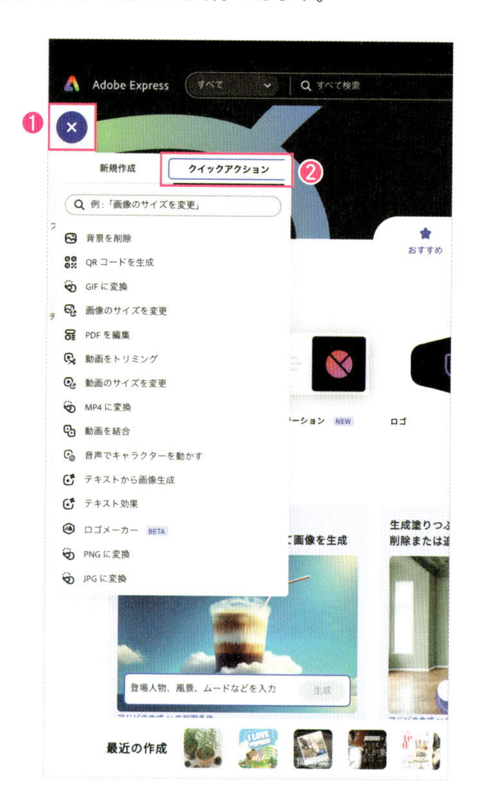


ホーム画面から作成するコンテンツを選択すると、利用できるクイックアクションが表示されます。
たとえば、[写真]をクリックすると、写真の作成に関連するクイックアクションが表示されます。

# SNS用画像をデザインする

CHAPTER 03 / 1

# 楽しくデザインするコツ

Adobe Expressを使えば、誰でもかんたんに美しいデザインが作成可能です。レイヤーを使用して複数の要素を重ねることもできますし、多彩なカラーテーマで作品に魅力を加えることもできます。

## 1 レイヤーを理解する

Adobe Expressでは、イラストや写真、文字など、複数の素材をページ内に追加していくことで複雑なデザインを作成できますが、こだわるほどに素材が多くなり管理が煩雑になってしまいます。

レイヤーの使い方をマスターして楽しくデザインしましょう。

ファイルを開くと、画面右側にレイヤー❶が表示されます。

1つの素材に対して1つのレイヤーが自動的に割り当てられます。

レイヤーは、ドラッグして上下関係を変更できます❷。

素材が重なると、下の素材は上にある素材で隠れてしまいます。レイヤーの上下関係を変更すると、見えるようになります。

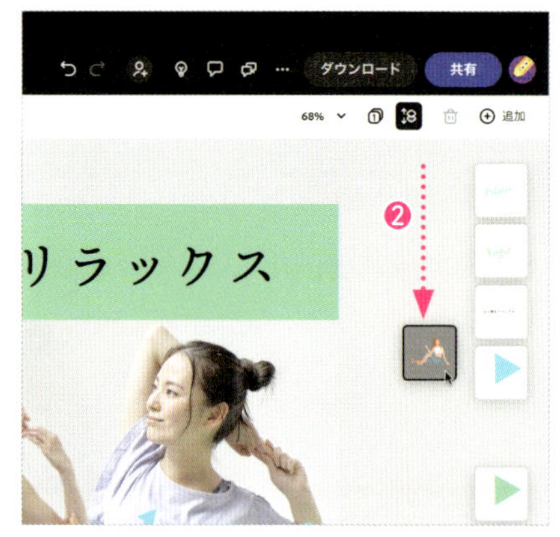

## 2 複数の素材をグループ化する

複数の素材をグループ化❶すると、まとめて編集できます。移動するときなどにバランスを崩すことなく編集できるので便利です。

グループ化すると、グループ化したレイヤー同士が重なって表示されます❷。

レイヤーが表示されていて作業しづらい場合は、レイヤー下部の[×]❸をクリックすると、非表示にできます。

レイヤーを再表示するには、画面上部の[**レイヤー**]❹をクリックします。

作業によってレイヤーの表示・非表示は使い分けると効率的にデザインできます

## 3 カラーテーマでデザインの印象を変える

Adobe Expressでは、「5色」ひとセットのカラーテーマを利用して配色を行います。カラーテーマ内に含まれない色も、カスタム色として使用できます。

カラーテーマを変更するには、画面上部の[配色]❶をクリックし、画面左側のパネルからカラーテーマを選択します。

カラーテーマの各カテゴリーにある[すべて表示]❷をクリックすると、さらに多くのカラーテーマが表示されます。

プレミアムプランに登録すると、Adobe Colorで作成したカラーテーマをライブラリに保存できるので、カラースキーム(デザインやアート、建築などのプロジェクトで使用される色の組み合わせや計画)を作りやすくなります。

カラー表現では、「らしさ」が必要です。たとえば、春のイメージを伝えるのに「桜(ピンク)」や「新緑(ライトグリーン)」は季節感に合ったカラーリングです。しかし、「赤紫」や「モスグリーン」では春のイメージは伝わりにくくなります。

デザインする際は、配色に気をつけましょう。

パステル調のピンクとイエローで、
ほんわかとした印象に。

彩度の高いオレンジとブルーで、
アクティブな印象に。

## 4 表現したい印象に近いテンプレートを選ぶ

デザイン初心者やコンテンツを効率よく作成したいユーザーの中には、テンプレートを使用される方も多いと思います。しかし、「仕上がってみるとイメージと違う」「ダサくなった」など、思うようにいかないこともあります。

テンプレートを使用するコツは、作りたい商品そのものを使用しているテンプレートより、表現したい印象に近いものや、デザインの構成が近いものを選択することです。たとえば、カラーリングが近いものやイメージしている構図が近いものを選択するとまとまりやすくなります。

上にタイトル、下に詳細説明、中央にイメージ写真という構図のテンプレートを選択。

構図はそのままで、文字を編集し、写真を変更した。

中央にメインの被写体、そこに視線を誘導するように円の罫線と文字があしらわれている。

構図はほぼそのままで、被写体と配色を変更。ポップでカジュアルな雰囲気になった。

## 5 フォントを決める

フォントによって、読みやすさだけでなく、伝えたいイメージも変わります。

たとえば、丸ゴシックは柔らかいイメージ、角ゴシックは力強く硬いイメージ、明朝体は繊細で柔らかいイメージ、行書体はクラシカルで和のイメージがあります。

それぞれ、フォントによって見る人の印象が変わります。伝えたいことをゴシックで強調することもデザインのアプローチとしてはありですが、全体の雰囲気に合わない場合は、伝えたい文字の周りに余白をつけたり、文字の大きさに強弱をつけたりして強調する方法を試してみましょう。

自己主張の強いフォントにすると、
全体の雰囲気も変わる。

すっきりとしたフォントを選択していることで、
夏にふさわしい清潔感がある。

### Check

#### トンマナを考える

トーン&マナー(略してトンマナ)とは、デザインの全体的な雰囲気やスタイルを指します。色使い、形状、テクスチャ、レイアウトなどのデザイン要素が一貫していることによって、イメージが確立し、統一感のあるビジュアルをキープすることができます。

トンマナは、見る人に与える印象や感情的な反応を大きく左右し、ブランドアイデンティティやマーケティングのコミュニケーション戦略において中心的な役割を果たします。

## 6 画像を変更する

画像は、デザインを作る上でもっとも重要な要素の1つです。その場にいるような臨場感を与えたり、感情移入したりと、そのデザインを伝えるにあたっての見る人との距離を一気に近づけてくれます。

心の悩みを抱えた人向けのポスターだとわかるが、ややシリアスな印象を受ける。

笑顔の女性の画像に変更しただけで、ポジティブなイメージに変わった。

●トンマナを形成する要素

| | |
|---|---|
| 1. カラー | 色は感情に直接訴え、印象を左右する大切な要素です。 |
| 2. タイポグラフィ | 文字のフォントやサイズ、行間など、読みやすさだけでなく、ゴシック体か明朝体かによっても見る人の印象が変わります。 |
| 3. 形状とテクスチャ | 角ばった形状は強さや安定感を、曲線は柔らかさや親しみやすさを象徴します。 |
| 4. イメージとイラスト | 使用する画像やイラストは、具体的なシーンをイメージさせます。 |
| 5. レイアウト | 要素の配置や空間の使い方によって、読みやすさが変わります。 |

CHAPTER 03 / 2

# Instagram用の画像を作成する

Adobe Expressを使ってInstagram用の画像を作成しましょう。
直感的な操作ですぐに魅力的な画像を作成できます。

## 1 テンプレートを探す

ここでは、ローズマリーを使用したアロマオイルのInstagram画像を作成します。

まずは、イメージに合うテンプレートを探しましょう。

ホーム画面のコンテンツにある[SNS]❶をクリックし、[おすすめのSNSテンプレート]の[Instagram投稿(正方形)]タブ❷をクリックして、[すべて表示]❸をクリックします。

テンプレートの一覧が表示されるので、[検索ボックス]❹に「女性　ナチュラル」と入力します。

検索結果の一覧の中から、イメージに合ったテンプレートをクリックします❺。

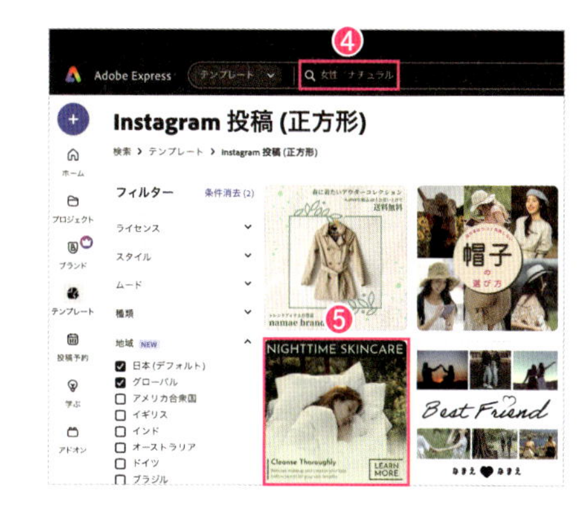


メッセージが表示されるので、[このテンプレートを使用]❻をクリックすると、編集画面に切り替わります。

テンプレートを選択するときは、作りたい素材がそのまま使われているものより、配色やレイアウトを優先するのがおすすめです。

## Check テンプレートを「お気に入り」に登録する

テンプレートの右に表示される「ハートマーク」❶をクリックすると、[お気に入り]に追加されます。

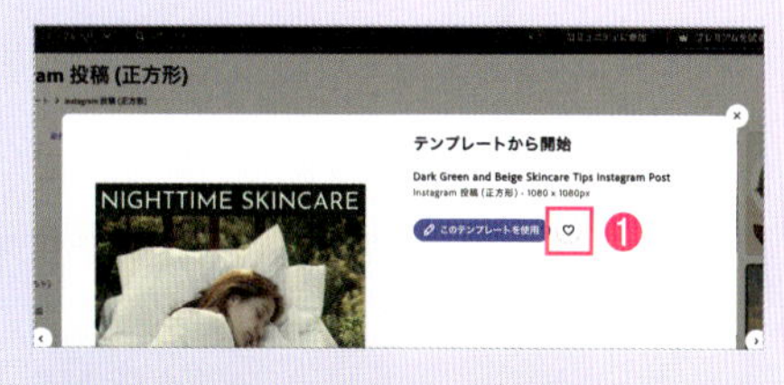


[お気に入り]は、ホーム画面左側のメニューから[プロジェクト]❷をクリックし、[お気に入り]タブ❸をクリックすると表示されます。

## 2 配色を変更する

選択したテンプレートはややシックな印象なので、少し明るめな配色に変更します。

画面上部のメニューから[**配色**]❶をクリックすると、カラーテーマが表示されます。イメージに合った配色を選択しましょう。

ここでは、自然な色合いに変更したいので、[**ニュートラル**]の中から選択します。

[**すべて表示**]❷をクリックし、ナチュラルなカラーの組み合わせ❸を選択すると、テンプレートの配色が変更されます。

## 3 画像を変更する

このままメインの女性の画像を使用しても良いのですが、ここでは、日本人向けのイメージに変更したいと思います。

変更したい画像❶をクリックして選択し、コンテキストツールバーから[置換]❷をクリックします。

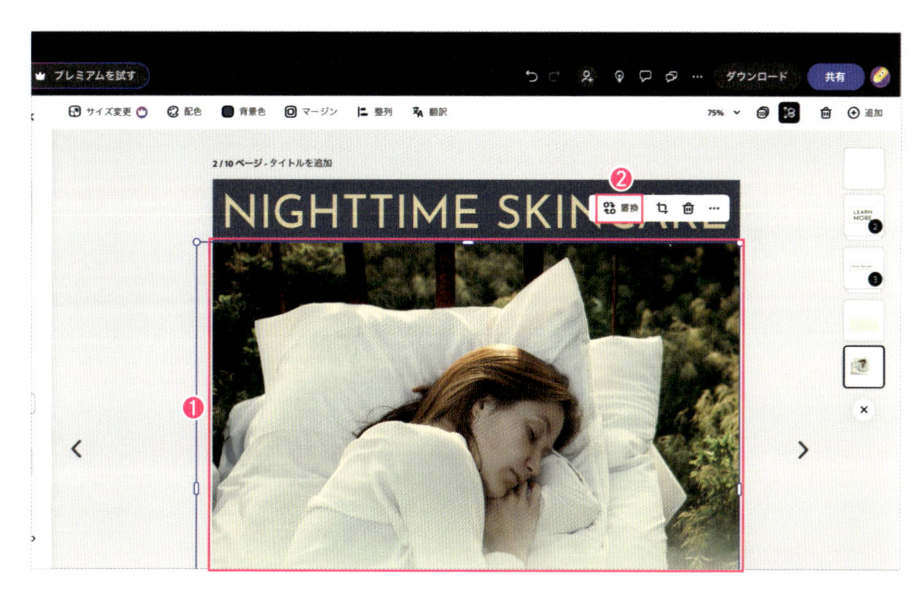


Adobe Stock内の写真が表示されます。[検索ボックス]❸に「日本人　女性」と入力して検索します。

検索結果からイメージに合った画像❹を選択し、[置換]❺をクリックすると、画像が変更されます。

## 4 画像の大きさを変更する

前ページの手順で変更した画像の大きさを調整します。

画像をクリックして選択すると、四隅に◯印❶が表示されます。この◯印をドラッグすると、画像を拡大縮小できます。ここでは、画面上部の背景色が隠れるように拡大しました。

画面上部の[表示オプション]の⌄❷をクリックし、画面の表示倍率を作業しやすい表示倍率に変更します。ここでは、[50%]❸に変更しました。

画像をダブルクリックすると、画像のトリミングと位置を調整できます。全体のバランスを見ながら変更します。

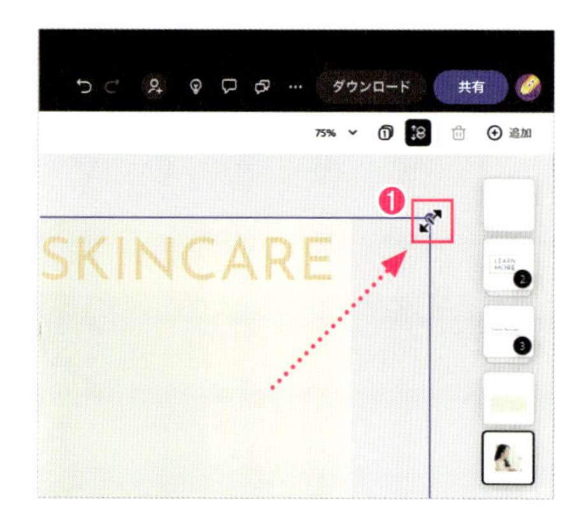

## 5 オリジナルの画像をアップロードする

オリジナルの画像をアップロードすると、自分だけのデザインを作成できます。

オリジナルの画像をアップロードするには、画面左側のメニューから[**アップロード**]をクリックするか、[**メディア**]❶をクリックして[**デバイスからアップロード**]❷をクリックします。

パソコン内の画像を選択する画面が表示されるので、アップロードしたい画像を選択し、アップロードします。

## 6 画像の背景や不要な素材を削除する

背景を削除したい画像❶をクリックして選択し、画面左側のパネルから[**背景を削除**]を❷クリックします。

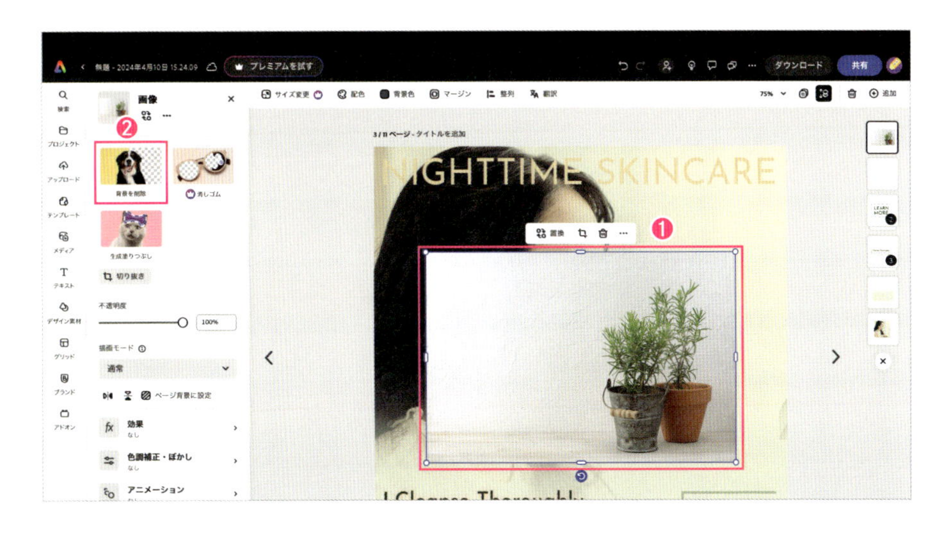

画像の背景が削除されました❸。

今回アップロードした画像は、細かな葉などがあるため、通常の切り抜き作業をした場合、かなり大変な作業ですが、AIが背景部分を認識し、きれいに削除してくれました。

次に、不要な素材を削除します。

文字の素材❹をクリックして選択します。delete キーを押す、またはコンテキストツールバーの[ゴミ箱]アイコンをクリックすると、文字の素材が削除されます。

削除してできたスペース❺に、画像を移動して大きさを整えます。

## 7 文字を変更する

メインタイトル❶を変更します。

文字をダブルクリックして文字を編集できる状態にし、「ROSEMARY AROMA」と入力します。

このままでは文字が小さいので拡大します。文字を拡大するには、文字をクリックすると四隅に表示される○印❷をドラッグします。

次に説明文を変更します。

ここでは、「Original Aroma Oil」「無農薬でローズマリーを栽培しオリジナルのアロマオイルを作りました。」と入力しました❸。

説明文のフォントサイズが大きいので、画面左側の[フォントサイズボックス]❹に「30」と入力するか、－をクリックして文字サイズを調節します。

メインタイトルの色が背景と同じ色なので変更します。

文字❺をクリックして選択し、画面左側のパネルから[塗り]❻をクリックします。

配色で決めた色が[ページテーマ]❼として表示されます。

ここでは、ピンク系の色❽をクリックしました。

「ページテーマ」と「カラーテーマ」と似たような名前で混同しやすいですが、ここで使用するページテーマとは「ページ内で使用するカラーテーマ」の意味です。

Instagram用の画像が完成しました。

テンプレートのクラシカルな印象を残しつつ、イメージ通りのデザインに仕上がりました。

CHAPTER 03 / 3

# YouTube用サムネールを作成する

左ページで作成したInstagram用の画像に新しいページを追加して、YouTube用のサムネールを作成します。



## 1 ファイルに新規ページを追加する

Adobe Expressでは、1つのファイルに複数のページを作成できます。

InstagramやYouTubeなど、異なるコンテンツのページを1つのファイルで管理できるほか、ストーリー仕立てのコンテンツを作成することもできます。

画面右上の[追加]❶をクリックし、[サイズを指定]❷をクリックします。

YouTubeのサムネールを作成するので、[幅]に「1280」、[高さ]に「720」と入力❸し、[ページを追加]❹をクリックします。

新しいページが作成されます。

前ページから続けて作業しています。

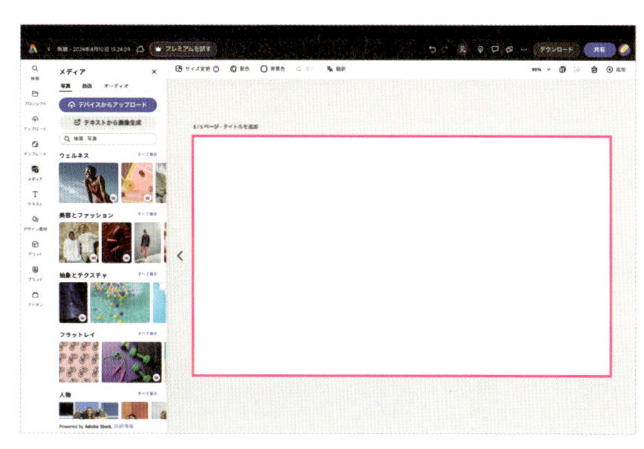

## 2 ページにグリッドを配置する

新しいページは、テンプレートを使わずに作成してみましょう。

ページにグリッドを配置すると、グリッドレイアウトデザインが作成できます。

画面左側のメニューから[**グリッド**]❶をクリックすると、グリッドの一覧が表示されます。追加したいグリッド❷をクリックすると、ページに配置されます。

ページに配置されたグリッド❸をクリックし、画面左側のパネルから[**ページ背景に設定**]❹をクリックすると、グリッドが背景として設定されます。

[**間隔**]❺を「0」にすると、グリッド同士の隙間がなくなります。

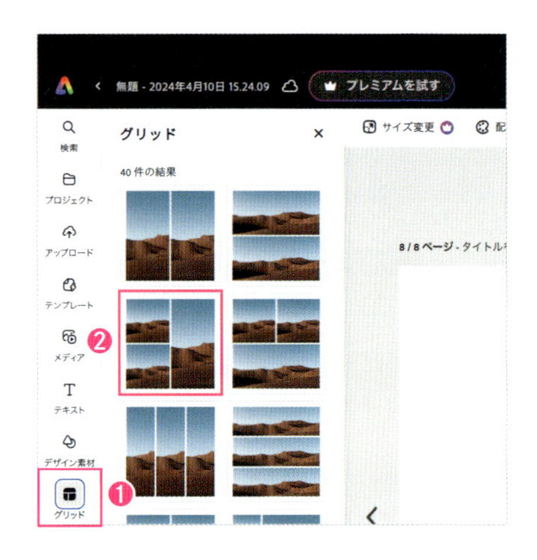


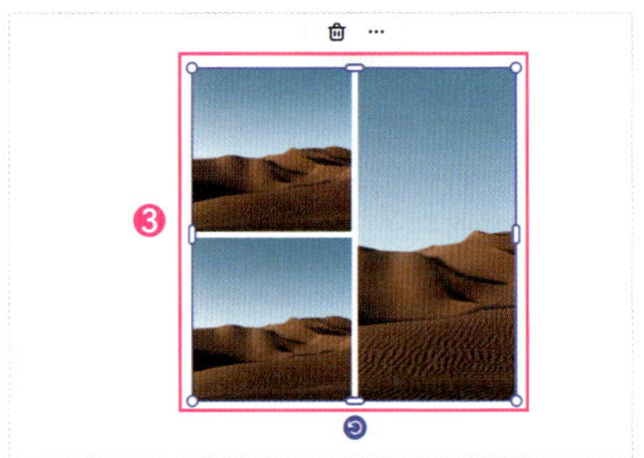

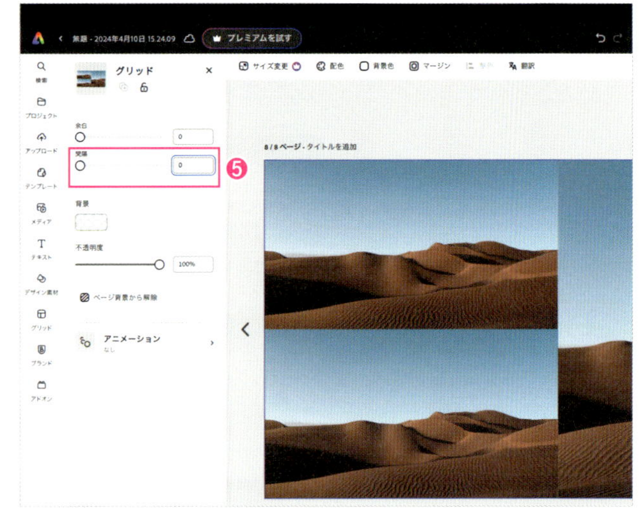

## グリッドに写真を配置する

配置したばかりのグリッドには、ダミーの画像が表示されています。このまま使用することはできないので、Adobe Stock内の画像に変更します。

画像を変更したいグリッド❶をダブルクリックします。クリック一回だと、グリッド全体が選択されます。ダブルクリックすると、グリッド内の画像を選択できます。

画面左側のパネルから[置換]❷をクリックして[写真]❸をクリックします。

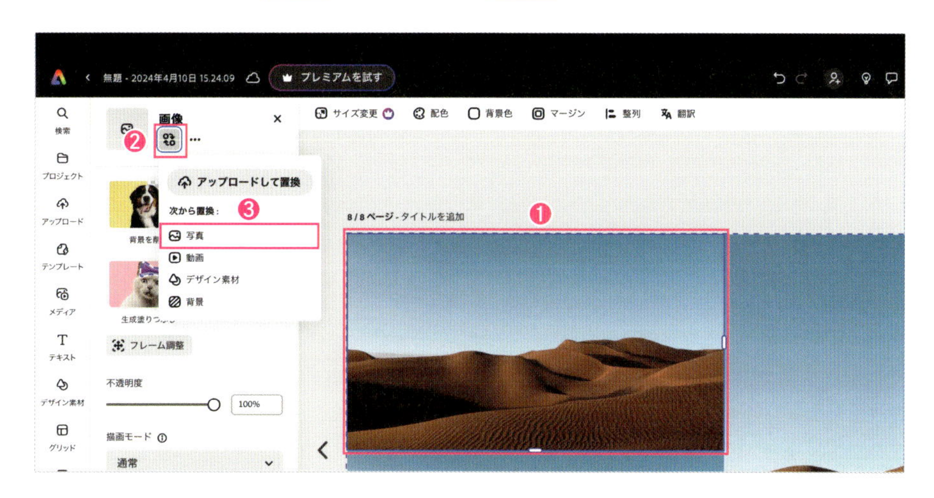


Adobe Stockの画像が表示されるので、[検索ボックス]❹に「アロマオイル」と入力し、画像を検索します。検索結果❺から画像をクリックすると、グリッド内の画像が変更されます。

同様に他のグリッドの画像を変更します❻。

検索のキーワードは、それぞれ「ハーブ」「日本人　女性」です。

グリッドのバランスを整えましょう。グリッド❼をクリックしてグリッド全体を選択します。

グリッドの境界❽にマウスポインターを近づけると、形が変わります。この状態で境界をドラッグすると、グリッドのサイズを変更できます。全体のバランスを調整しましょう。

## 4 ページに文字を配置する



ベースとなる画像の配置が終わりました。次は文字を配置し、タイトル周りを整えていきましょう。

画面左側のメニューから[**テキスト**]❶をクリックし、[**見出し**]❷にあるデザインをクリックすると、ページ内に配置されます。

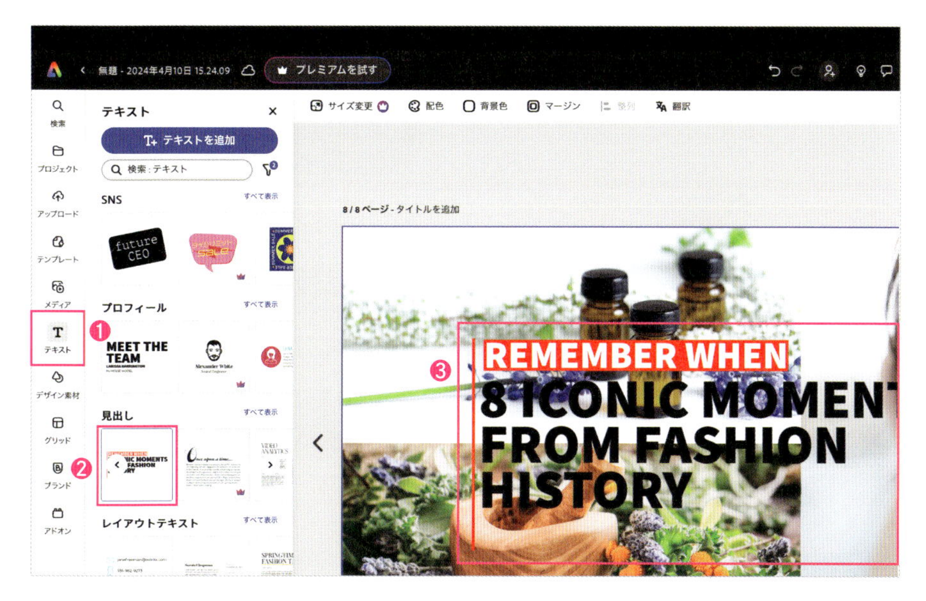


配置された文字❸は、文字や画像がグループ化されています。

文字をクリックして選択し、画面左側の[**グループ解除**]❹をクリックすると、グループが解除されます。表示されるコンテキストツールバーからグループを解除することもできます。

縦の罫線❺を削除し、文字全体をページの左上にドラッグ❻して移動します。

文字❼を選択し、「MANUFACTURE AND SALE OF ORIGINAL AROMA OIL」と入力します。

画面左側のパネルから[塗り]❽をクリックし、[白]❾をクリックして文字の色を変更します。

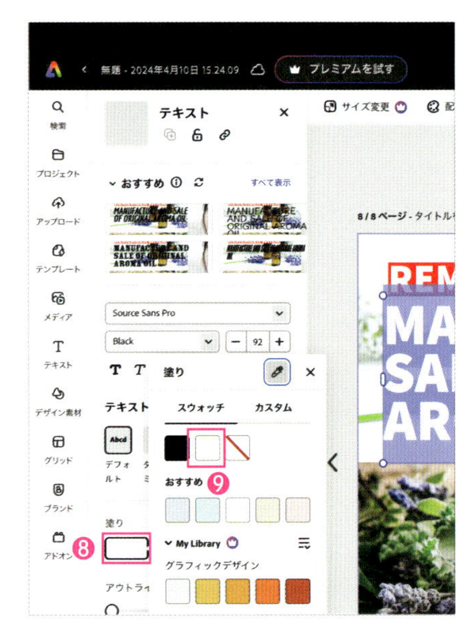

## 5 文字にシャドウを設定する

文字の色を白に変更したため、背景の画像とのコントラストが弱くなりました。このままでは見づらいので、文字にシャドウ（影）を設定して可読性を高めます。

シャドウを設定したい文字❶を選択し、画面左側のパネルから[**シャドウ**]❷をクリックします。

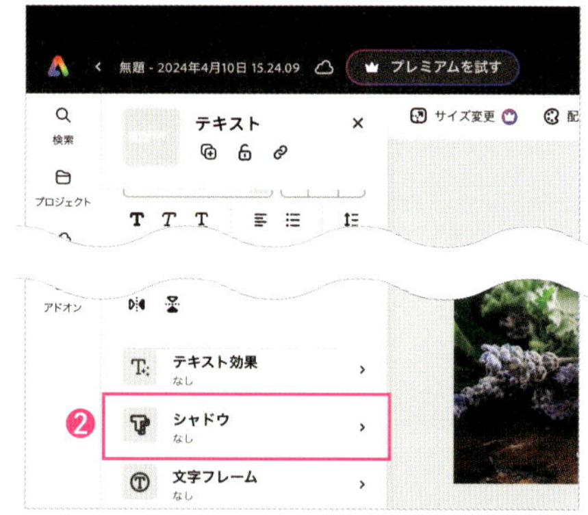


一覧からイメージに合ったシャドウを設定します。[**クラシック**]、[**スムーズ**]、[**リフト**]、[**光彩**]、[**ハロー**]、[**シャープ**]、[**かすみ**]の7種類❸から選択できます。ここでは[**かすみ**]を選択しました。

各シャドウは、[**カスタム**]❹で色やぼかしなどの設定を調整できます。

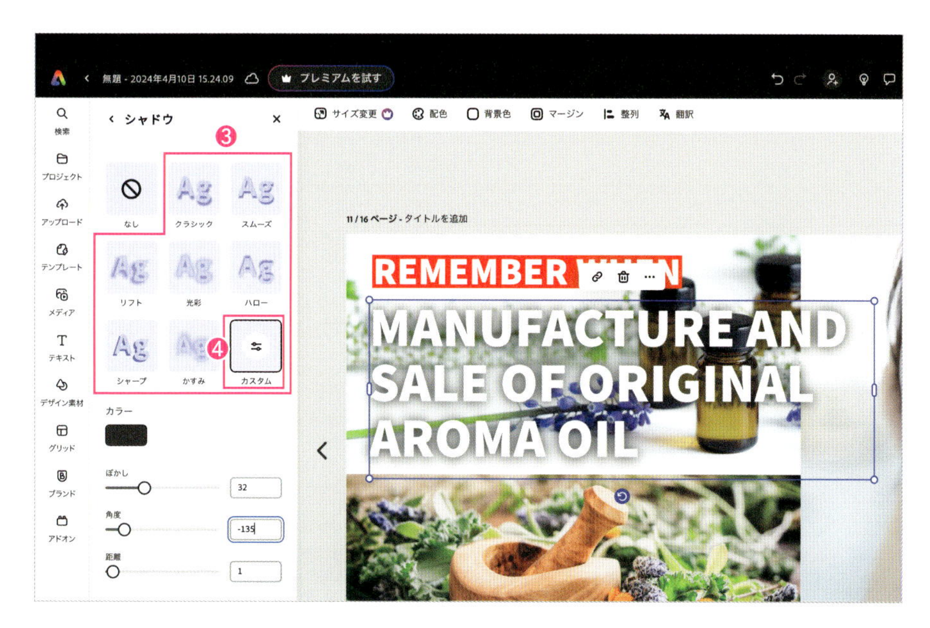

## 6 文字のレイアウトを変更する

タイトルが長いため、デザイン的にやや間延びした印象が出てしまいました。改善するために「テキストレイアウト」を使用してデザインにメリハリをつけます。

文字❶を選択し、画面左側のパネルの[**テキストレイアウト**]にある[**ダイナミック**]❷をクリックすると、テキストレイアウトが[**ダイナミック**]に変更されます。

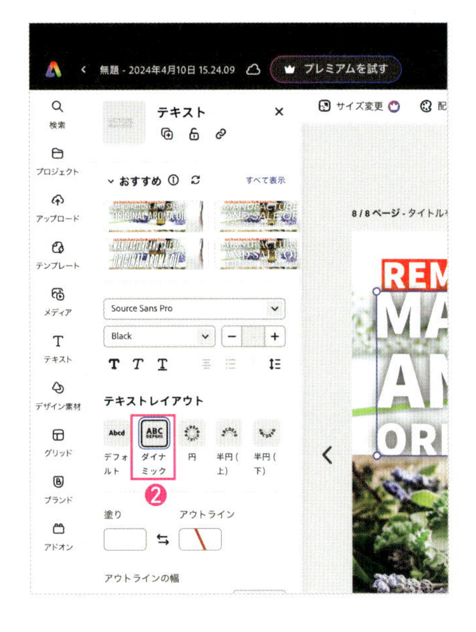


テキストレイアウトの[**ダイナミック**]は、行ごとに文字の大きさを変更して表示するレイアウトです。メリハリのあるデザインになります。

このままでは大きすぎるので、四隅の○印❸をドラッグして縮小し、全体のバランスを整えます。

## 7 文字フレームを変更する

配置されている文字❶には、「文字フレーム」が適用されています。文字フレームの色と文字を変更します。

文字フレームが設定されている文字❶を選択します。

画面左側のパネルから[**文字フレーム**]❷をクリックします。

[**シェイプの色**]❸をクリックし、色(ここではモスグリーン❹)を選択すると、文字フレームの色が変更されます。

文字を「ROSEMARY AROMA」❺に変更します。

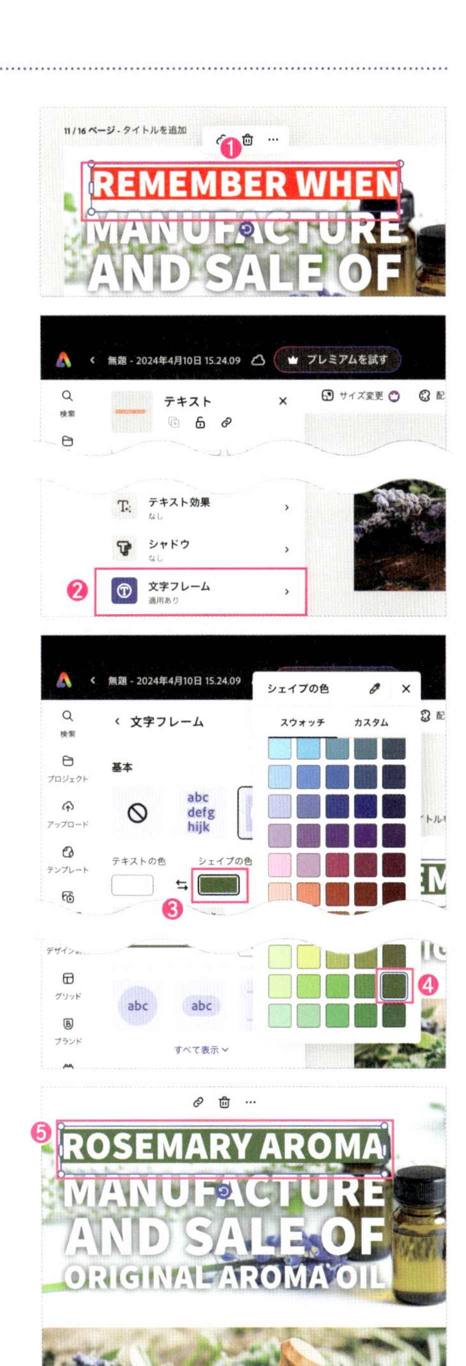

## 8 デザイン素材を追加する

画像と文字だけで見せるデザインも美しいものですが、デザイン素材を追加して、よりナチュラルな印象に仕上げていきます。

画面左側のメニューから[**デザイン素材**]❶をクリックし、[**デザイン素材**]タブ❷をクリックして、[**検索ボックス**]❸に「つた」と入力します。

検索結果からイメージに合った素材を選択します。ここでは、アイビーのイメージ❹を選択しました。

素材がページに配置されます❺が、小さいので拡大します。

## 9 デザイン素材を加工する

配置したデザイン素材を選択し、画面左側のパネルから[**効果**]❶をクリックします。

効果の一覧にある[**ダブルトーン**]のいずれか❷を選択します。色は変更するのでどれでもかまいません。

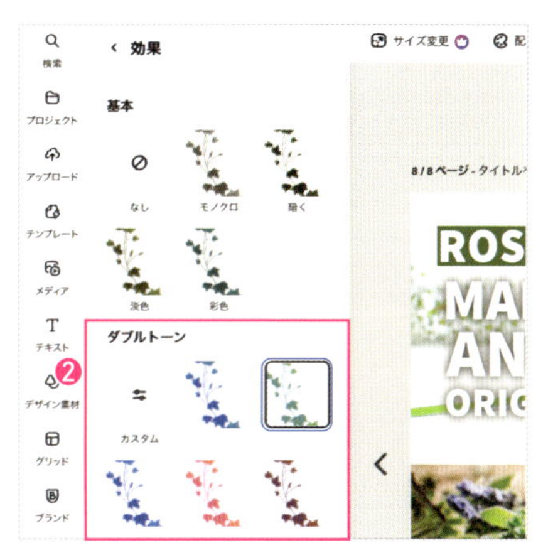


[**カスタム**]❸をクリックし、[**シャドウ**]❹をクリックして、[**別のカラーを追加**]からグリーンを選択します。同様の手順で[**ハイライト**]❺は白を選択します。

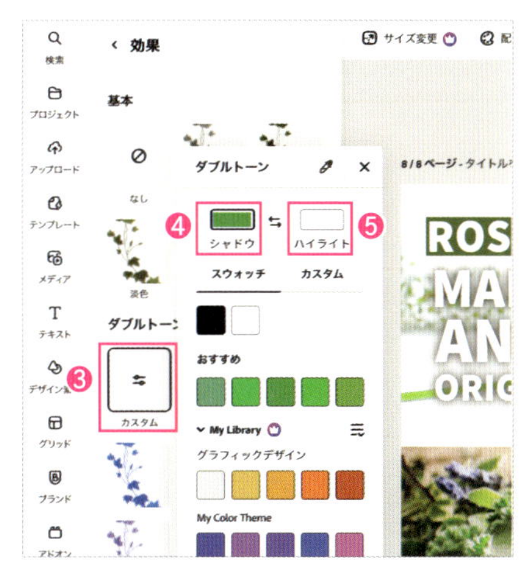

配置した素材の色が変更できました。このままでも良いのですが、もう少しアレンジを加えます。

まず、色を変更した素材を右クリックすると表示されるメニューから[複製]❻を選択し、素材を複製します。

次に、画面左側のメニューから[効果]をクリックして、[ダブルトーン]をクリックします。

[カスタム]❼をクリックし、[シャドウ]と[ハイライト]❽の色を白にします。

さらに、色を白に変更した素材の不透明度を変更します。

画面左側のパネルにある[不透明度]❾のスライダーを左にドラッグし、「80%」に変更します。

透明度のある素材❿が作成できました。

## 10 レイヤーの並び順を変更する

Adobe Expressでは、素材を配置していくと、素材が重なっていきます。素材が重なると、下の素材が隠れて見えなくなってしまいますが、「レイヤー」の並び順を変更すると上下関係を変更できます。

画面右側に表示されているサムネール❶がレイヤーです。

緑色の素材が配置されているレイヤーを白色の素材の上にドラッグすると❷、素材の上下関係が変更されます。

写真のトリミングを調整して完成です。

レイヤーは、素材や文字、画像などをページに配置すると、自動的に作成されます。

トリミングを調整するには、グリッドに配置した画像をダブルクリックします。もう一度クリックすると、トリミングを調整できる状態になります。

YouTube用サムネールが完成。
グリッドを使用することで写真を多用したデザインが簡単に作成できた。

CHAPTER 03 / 4

# 素材にアニメーションを設定する

素材にアニメーションを設定してみましょう。アニメーションはユーザーの注意を引きやすく、エンゲージメントが高いため、コメントやシェアを促進しやすくなり認知度向上につながります。

## 1 文字や画像にアニメーションを設定する

「3-2 Instagram用の画像を作成する」で作成した画像を複製し、配置されている文字や画像にアニメーションを設定します。

ファイルを開き、画面上部の右側にある[追加]❶をクリックして[複製]❷を選択すると、ページが複製されます。

まずは文字にアニメーションを設定します。

複製されたページのタイトル文字❸をクリックして選択し、画面左側のパネルから[アニメーション]❹をクリックします。

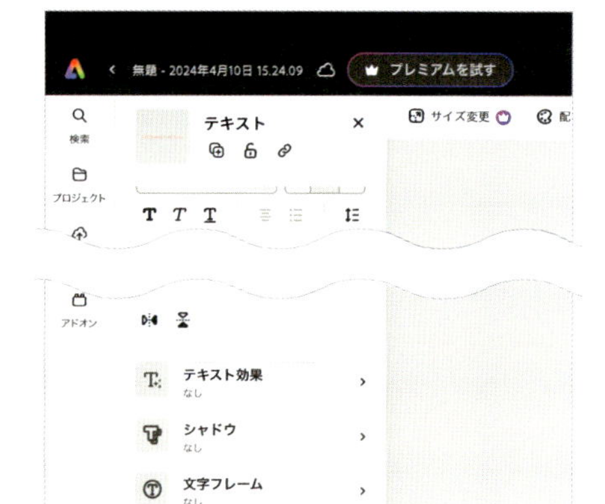

アニメーションは、文字や画像、デザイン素材などに設定できます。

アニメーションの種類(ここでは[**開始**]❺)をクリックします。

**●アニメーションの種類**

| | |
|---|---|
| **開始** | 素材が表示されるときに再生される |
| **ループ** | 素材が表示されている間、繰り返す |
| **終了** | タイムラインの再生終了間際に再生される |

設定できるアニメーションが表示されるので、設定したいアニメーション(ここでは[**ライズ**]❻)をクリックすると、アニメーションが設定されます。

[**ライズ**]は、透明な状態の素材が徐々に表示されながら、画面下から上へ移動してくるアニメーションです。

アニメーションのアイコンにマウスポインターを重ねると、アニメーションをプレビューできます。

素材にアニメーションを設定すると、ページ下部に「タイムライン」❼が表示されます。

表示するタイミングを調整したいので、画面下部の[**レイヤーの表示時間を調整**]トグルスイッチ❽をオンにします。

説明文❾にも同じアニメーションを設定します。

「タイムライン」とは、アニメーションの再生時間や表示するタイミングなどを編集する画面のことです。

次に、画像にアニメーションを設定します。設定方法は、文字の場合と同様です。

アニメーションを設定する画像⑩を選択し、画面左側のパネルから[**アニメーション**]をクリックして、設定します。

ここでは、文字と同様、アニメーションの[**開始**]に[**ライズ**]を設定しました。

## 2 アニメーションのタイミングを調整する

文字と画像にそれぞれアニメーションを設定しました。初期設定では、アニメーションの再生時間は「5秒」に設定されています。このままでは、すべてのアニメーションが同じタイミングで再生されるため変化がありません。

「タイトル文字」「説明文」「画像」が、それぞれ1秒ずつ遅れて再生されるように設定します。

「タイトル文字」は、イメージが表示される冒頭からアニメーションを再生させたいため、そのままにしておきます。

「説明文」の再生時間を変更します。

「説明文」❶を選択すると、下部のタイムラインに青い帯が表示されます。帯の左端❷を右へドラッグし、表示が「4秒」になるまで短くします。

これで1秒遅れで説明文が表示されます。

次に「画像」の再生時間を変更します。手順は「説明文」と同様です。

「画像」❸を選択すると、下部のタイムラインに青い帯が表示されるので、帯の左端❹を右へドラッグして短くします。

画像は2秒遅れで表示させたいので、「3秒」と表示される位置まで帯をドラッグしてください。

再生ヘッド❺を左へドラッグし、タイムラインの開始位置まで戻します。

タイムラインの左に表示されている**[再生]**▶❻をクリックすると、アニメーションが再生されます。正しく再生されるかどうか確認します。

## 3 BGMを挿入する

アニメーションが完成しました。ここにBGMを挿入して、さらに効果的なアニメーションに仕上げていきます。

画面左側のメニューから[**メディア**]❶をクリックし、[**オーディオ**]タブ❷をクリックします。

オーディオの一覧が表示されるので、イメージに合うオーディオ❸をクリックすると、タイムラインに挿入されます❹。

[**再生**]ボタン▶をクリックするとオーディオを試聴できます。

タイムラインの[**再生**]ボタン▶❺をクリックして仕上がりを確認してみましょう。

オーディオの再生時間を変更するには、タイムラインに表示される青い帯の右端をドラッグし、帯の長さを変更します。

### Check
### オーディオを編集する

オーディオを挿入すると、タイムラインに青い帯が表示されます。青い帯にマウスポインターを重ねると、ミートボールメニュー…が表示されます。クリックすると表示されるメニューから、再生ヘッドの位置でオーディオの「分割」や「削除」ができます。

CHAPTER 03/5

# SNSに投稿する

「3-4 素材にアニメーションを設定する」で作成したInstagram用の画像を投稿してみましょう。Adobe Expressから直接投稿できます。

## ● Instagramに投稿する

作成したファイルを開きます。

画面上部のメニューから[共有]❶をクリックします。

投稿したいSNS(ここでは[Instagram])のアイコン❷をクリックすると、投稿画面が表示されます。

初めて投稿するときは、SNSと連携する必要があります。[Instagramと連携]❸をクリックし、画面の指示に従って連携してください。

SNSとの連携が完了すると、[SNSに投稿]画面（右図）に戻ります。

投稿内容を入力します❹。ハッシュタグや絵文字、[最初のコメント]を入力することもできます。

[今すぐ公開]❺をクリックすると、投稿されます。

[プレビュー]❻をクリックすると、投稿内容を確認できます。

Instagramに正常に投稿されたか確認した状態。最初のコメントも表示されている。

CHAPTER 03 / 6

# ファイルを予約投稿する

Adobe Expressには、発信内容と投稿日時を設定しておくと、
設定した日時に発信してくれる予約投稿の機能があります。



## 1 作成したファイルから予約投稿をする

SNSに効率よく投稿することは作業の軽減になります。

Adobe Expressでは、複数の予約投稿が可能です。ほかの業務を止めることなく、自動で投稿してくれる便利な予約投稿のやり方を紹介します。

作成したファイルを開きます。

画面上部の[共有]❶をクリックし、[投稿を予約]❷をクリックします。

投稿するSNS(ここでは[Instagram]❸)を選択し、[投稿を予約]❹にチェックを入れます。

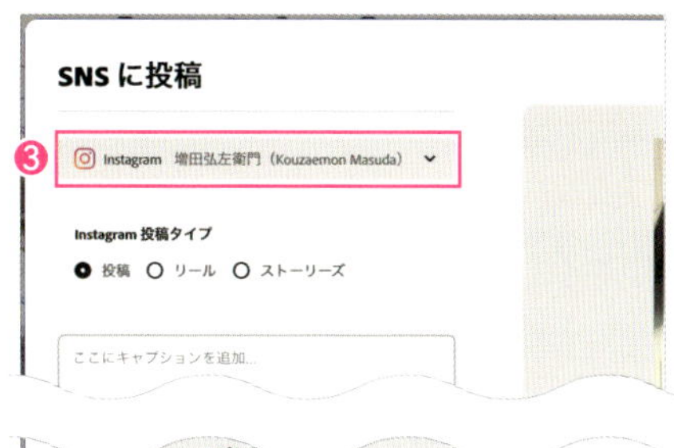


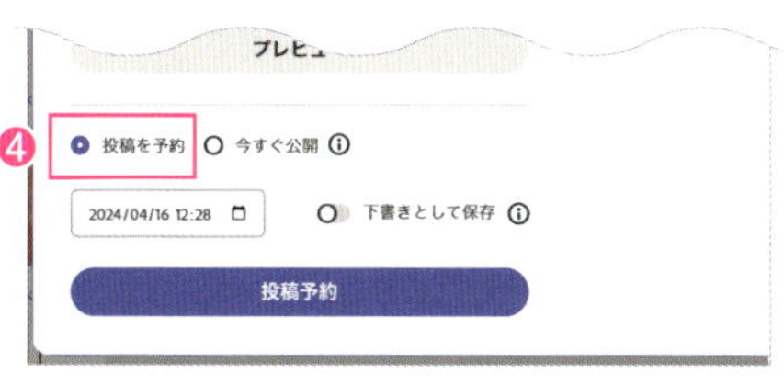


[下書きとして保存]をオンにすると、「下書き」として保存できます。投稿内容や日時が決定していない場合などに便利な機能です。

［日付］❺をクリックすると、カレンダーが表示されるので、投稿の「日付」と「時間」を指定します。

投稿内容❻を入力し、［投稿予約］❼をクリックすると、予約投稿は完了です。

## 2 投稿スケジュールを確認する

ホーム画面左側のメニューから［**投稿予約**］❶をクリックすると、［**投稿予約**］画面が表示されます。サムネール❷にマウスポインターを重ねると、内容を確認できます。

サムネールをクリックすると、［**投稿を編集**］画面❸が表示されるので、内容の変更や削除ができます。

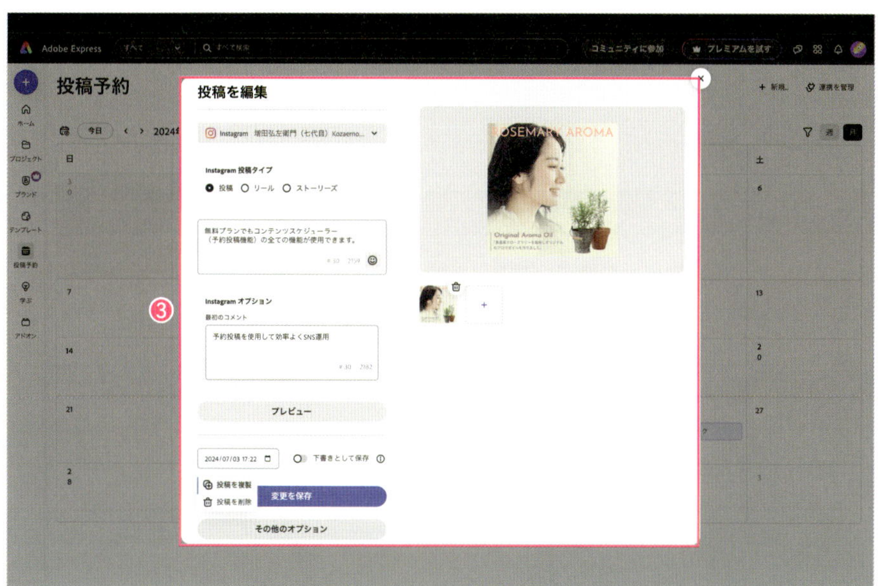

## 3 [投稿予約]画面から予約投稿する

予約投稿は、[**投稿予約**]画面から設定することもできます。

[**投稿予約**]画面で投稿したい日にちにマウスポインターを重ねると、[+]❶が表示されます。この[+]、または画面上部の[**新規**]❷をクリックすると表示される[**新規投稿**]、または[**新規の下書き投稿**]❸のどちらかをクリックすると、[**SNSに投稿**]画面が表示されます。

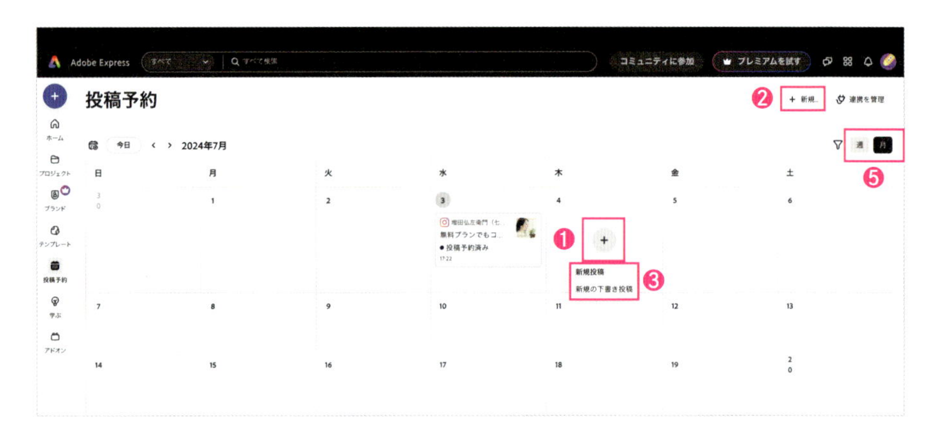


[**参照**]❹をクリックします。

[**投稿予約**]画面右上の[**週**]または[**月**]❺をクリックすると、カレンダーの週表示と月表示を切り替えることができます。

[**SNSに投稿**]画面左側の枠線の中に画像や動画をドラッグ&ドロップして投稿することもできます。

[参照]画面が表示されるので、投稿したいファイル❻をクリックします。

[アップロード]❼をクリックします。

ページが複数ある場合は、アップロードするページを選択してください。

アップロードされると、[SNSに投稿]画面が表示されるので、投稿内容や日時を設定し、[投稿予約]❽をクリックすると、予約投稿は完了です。

## 4 カレンダーのイベントからコンテンツを作成する

[投稿予約]画面のカレンダーには、その月や週に行われるイベント❶が表示されます。イベントに合わせたコンテンツを作成し、投稿を予約できるので、イベント当日にタイムリーな投稿ができます。

[投稿予約]画面のカレンダーには、イベント❶が表示されます。

イベントにマウスポインターを重ねると、イベントの詳細(ここではオリンピックの詳細)❷が表示されます。

イベントをクリックすると、[投稿の下書きを作成]と[すべてのテンプレートを表示]❸が表示されます。

[すべてのテンプレートを表示]をクリックすると、イベントに関連したテンプレートが表示されます。ここでは、夏のスポーツに関連したテンプレートが表示されました。

これらのテンプレートからコンテンツを作成し、投稿を予約できます。

# プレミアムプランの便利な機能

CHAPTER 04 / 1

# プレミアムプランとは

Adobe Expressをプレミアムプランにアップグレードすると、
無料版よりも多くの素材やブランドキット、ライブラリなどが利用可能になります。

## 1 すべての機能を利用できる

プレミアムプランにアップグレードすると、Adobe Expressのすべての機能を利用できるようになります。

さらに、無料版では利用できないAdobe Stockの豊富な素材が使えるようになります。高品質な画像、イラスト、ビデオなど、美しいコンテンツを利用することで、表現の幅が格段に広がります。

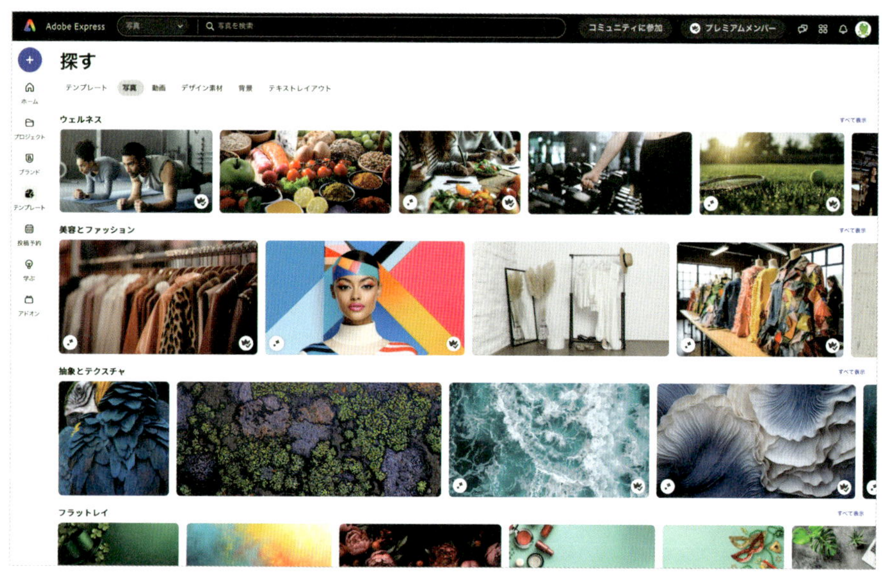


プレミアムプランに登録すると、Adobe Expressのすべての機能が利用できるようになるほか、使用できるAdobe Stockの素材数も格段に増える。

### ●無料プランとプレミアムプランの違い

| | 無料プラン | プレミアムプラン |
|---|---|---|
| 対象 | まずはデザインを始めてみたい人 | さらにこだわりたい人 |
| 料金 | 0円 | 1,180円（月額）／11,980円（年間） |
| 生成クレジット | 25／月 | 250／月 |
| テンプレート | 10万点以上 | すべてのテンプレート |
| Adobe Stock素材 | 100万点以上 | 2億点以上 |
| フォント | 1,000種類以上 | 25,000種類以上 |
| ストレージ | 5GB | 100GB |
| デバイス | ウェブとモバイル版アプリ | |
| 共同作業 | ・ファイルやプロジェクトの共有 | ・ファイルやプロジェクトの共有<br>・Creative Cloudライブラリでのファイル共有 |
| 編集機能 | ・基本的な画像・動画・ドキュメントの編集<br>・静止画の背景削除<br>・SNS投稿予約<br>・ブランドの使用 | 無料プランに加えて以下の機能を利用可能<br>・静止画・動画の背景削除<br>・複数アカウントでの投稿予約<br>・ブランドの管理・使用<br>・ワンクリックでサイズ変更 |

※2024年7月時点

## 2 ブランド機能を利用できる

プロジェクトのロゴやカラー、フォントなどをブランドとして登録して利用できます。

ブランドイメージを一貫して保つことが容易になり、プロジェクトの進行中にページサイズを調整できるようになります。たとえば1つのデザインを異なるSNSプラットフォームでブランドイメージを統一して展開したい場合などに、大きな力を発揮します。

ブランド機能を利用すると、ロゴやカラー、フォントを登録できるため、統一したブランドイメージを展開できる。

## 3 ライブラリを利用できる

プレミアムプランでは、画像やフォントなどをライブラリに登録して利用できます。

たとえば、Adobe Colorを利用して作成したオリジナルのカラーテーマをライブラリに登録しておけば、複数のプロジェクトで利用できるようになります。

Adobe Color(**https://color.adobe.com/ja/**)の詳細は
「4-2 Adobe Colorを使用する」を参照。

## 4 プレミアムプランに登録する

プレミアムプランには、通常の[**プレミアムプラン**]とグループ向けの[**グループ版**]のほか、企業向けや学生向けなど、さまざまなプランがあります。

グループ版は、店舗や地域のサークルなど、複数のアカウントで使用する際に有効です。組織の管理者が、Adobe Expressおよび関連するAdobe製品のライセンスとユーザーの管理をできるため、生産性の向上が期待できます。

プレミアムプランに登録するには、ホーム画面上部のメニューから[**プレミアムを試す**]❶をクリックし、[**30日間の無料体験を開始**]❷をクリックします。

支払い方法は、「月々プラン」と「年間プラン」があります。

使用後、プレミアムプランの機能は必要ないと感じた場合は、いつでも解約できます。

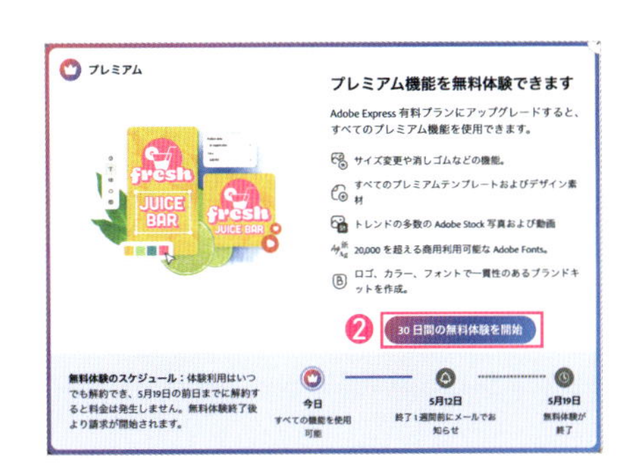

CHAPTER 04 / 2

# Adobe Colorを使用する

Adobe Colorは、色の調和と色彩理論にもとづいた色の選択を支援するツールです。
誰でも無料で利用できます。

## 1 Adobe Colorにアクセスする

Adobe Colorを使用すると、効果的なカラーパレットを作成し、プロジェクトに適した色の組み合わせを簡単に見つけることができます。ユーザーは既存の色から新しいカラーパレットを生成することができます。

Adobe Expressと連携させると、より一層クリエイティブな表現が可能になります。ぜひAdobe Colorを活用しましょう。

Adobe Color(**https://color.adobe.com/ja/**)にアクセスします。

このままでも使用できますが、Adobe Expressのアカウントでログインすると、カラーテーマをAdobe Expressと共有できます。

Adobe Colorにログインするには、画面右上の**[ログイン]**❶をクリックします。

**[ログイン]**画面が表示されるので、Adobe Expressのプレミアムプランに登録したものと同じアカウントでログインします。

## 2 カラーテーマを検索する

Adobe Colorを使用してカラーテーマを検索する方法はいくつかあります。ここでは「トレンドのカラーを検索」を利用してカラーテーマを作成する方法を紹介します。

BehanceやAdobe Stockのクリエイティブコミュニティからお気に入りのカラーテーマを探してみましょう。また、検索したカラーテーマは、カラーホイールにより好みの色に変更することもできます。

Adobe Colorの画面上部にあるメニューから[トレンド]❶をクリックするか、画面をスクロールして表示される[トレンドのカラーを検索]❷をクリックします。

さまざまなトレンドカラーが表示されます。

世界で活躍するクリエイターのカラートレンドからカラーテーマを選択することで、現代のクリエイティブシーンに準じたカラーを利用できます。

利用したいカラーテーマ❸をクリックします。

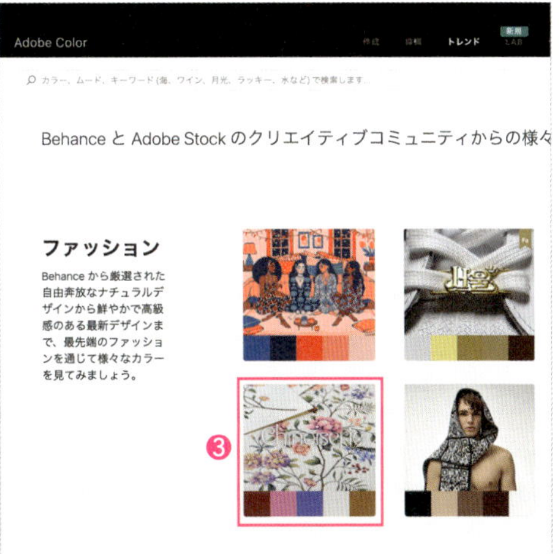


気に入ったカラーテーマにマウスポインターを重ねると、ライブラリへの追加やjpegでのダウンロードができます。

カラーテーマの詳細が表示されます。

このページからダウンロードやコピーをすることもできます。

画面右側のメニューから[**ライブラリに追加**]❹をクリックすると、ライブラリに追加されます。

カラーテーマをライブラリに追加すると、Adobe Expressやほかのadobe製品で共有できます。

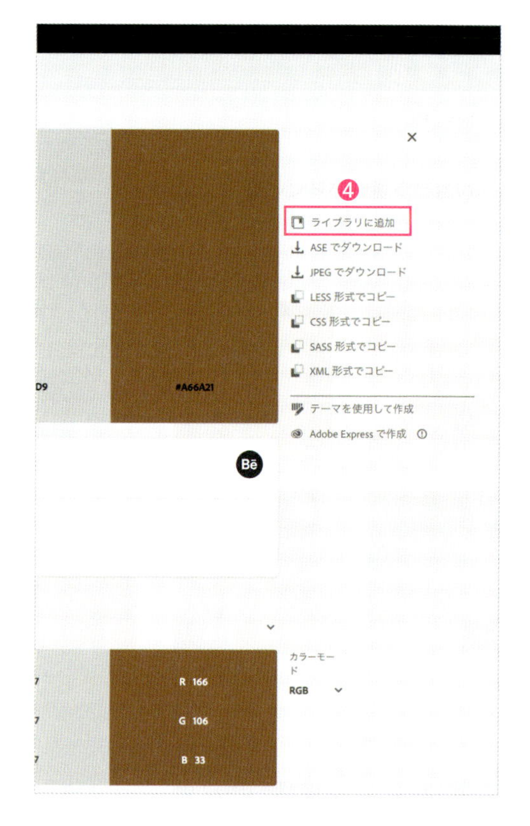


AdobeExpressを起動してライブラリを確認してみましょう。ライブラリは、プレミアムプランで利用できます。

プレミアムプランに登録したアカウントでAdobe Expressにログインし、ホーム画面左側のメニューから[**プロジェクト**]❺をクリックします。

[**ライブラリ**]タブ❻をクリックすると、ライブラリに登録したカラーテーマを確認できます。

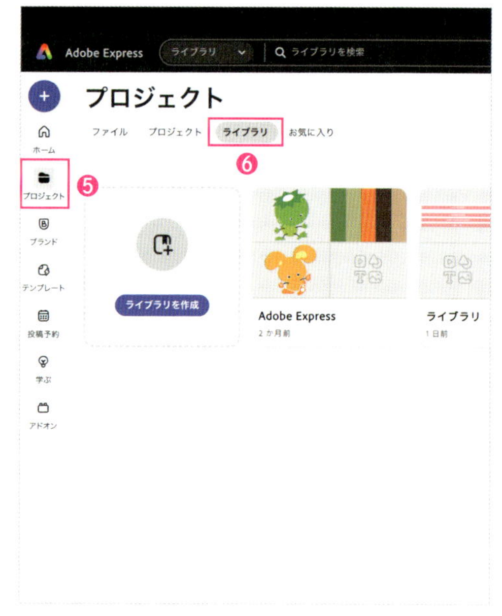

## 3 カラーテーマを使用してファイルを作成する

Adobe Colorで追加したカラーテーマを使用してファイルを作成します。

任意のテンプレート、または保存されているファイルを開きます。

画面上部のメニューから[**配色**]❶をクリックします。

表示された画面左側のパネルの[**ライブラリ**]❷に、Adobe Colorからライブラリに追加したカラーテーマ❸が表示されています。

ライブラリが表示されていない場合は、ハンバーガーメニューをクリックすると表示されるサブメニューから[**ライブラリ**]を選択してください。

追加したカラーテーマ❸をクリックすると、全体の配色が変更されます。

CHAPTER 04／3

# ブランド機能を利用する

ブランドを作成すると、よく使うロゴやカラー、フォントなどを一元管理できます。統一感のあるデザインを作成する場合に役立ちます。

## 1 新規ブランドを作成する

ブランドを作成して、ブランドイメージの統一を効率的に行いましょう。

ブランドイメージを統一すると、見る人がブランドをすぐに認識できるため、ブランドへの信頼や認知度が高まります。

また、市場における差別化の効果もあります。一貫したブランドコンセプトを使用することで、マーケティングの効果を最大に発揮できます。

ブランドを作成するには、ホーム画面左側のメニューから[ブランド]❶をクリックし、表示された画面の[新規ブランドを作成]❷をクリックします。

[新規ブランドを作成]画面が表示されるので、ブランド名❸を入力し、[新規作成]❹をクリックします。

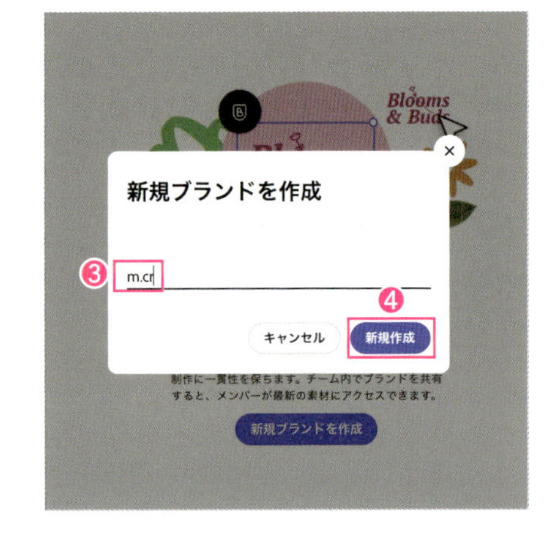


ブランド機能を利用するには、プレミアムプランへの登録が必要です。

## 2 ブランドにロゴを追加する

ブランドを使用する上で最も重要な要素の1つは「ロゴ」でしょう。

作成したブランドにロゴを追加します。

画面上部の[**ロゴ**]❶をクリックし、画面中央の[**ロゴをアップロード**]❷をクリックします。

アップロードするロゴのデータ❸を選択し、[**開く**]❹をクリックすると、ロゴのデータがアップロードされ、ブランドに追加されます❺。

## 3 ブランドにカラーパレットを追加する

カラーはブランドイメージを左右する大切な要素です。

ブランドには、「カラーパレット」と「カラースウォッチ」という2つのカラーを追加できます。

**・カラーパレット**
「カラーテーマ」のことで、コーポレートカラーなど、ブランドを一番印象付けるカラーです。

**・カラースウォッチ**
サブカラーとして使用する色です。

まずはカラーパレットを作成します。

画面上部のメニューから[**カラー**]❶をクリックし、画面中央の[**カラーを追加**]❷をクリックして、[**カラーパレット**]❸を選択します。

[カラーテーマを作成]画面が表示されるので、[名前]❹にカラーテーマの名前を記入し、[+]❺をクリックします。

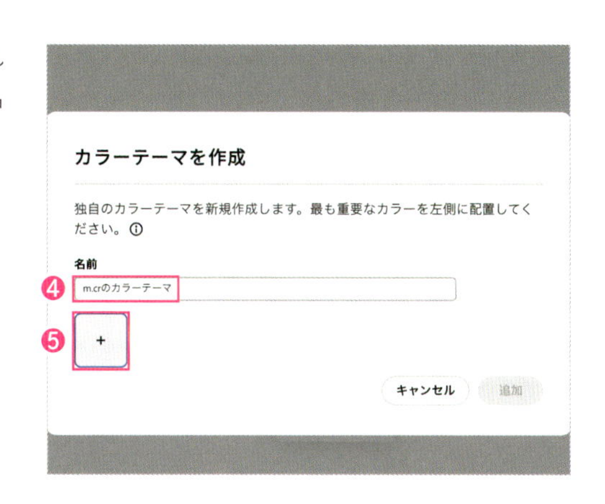


[カラーを編集]画面❻が表示されるので、カラーテーマに追加する色を指定します。指定方法は、[16進]または[RGB]で数値を入力する方法と、カラーピッカーで色を選択する方法があります。

手順を繰り返し、5色で構成されたカラーパレットを作成しました❼。

[追加]❽をクリックすると、ブランドにカラーパレットが追加されます。

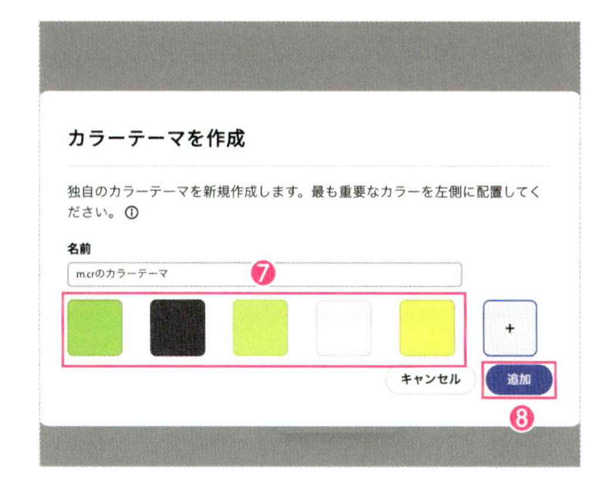


カラーパレットは、5色を基準に設定すると良いでしょう。色数が多いと統一感を持たせることが難しくなり、少なすぎるとデザインのバリエーションが少なくなります。

## 4 ブランドにカラースウォッチを追加する

続けてカラースウォッチを追加します。

画面上部のメニューから[**追加**]❶をクリックし、[**カラースウォッチ**]❷を選択します。

カラーパレットを追加したときと同様の手順で色を指定します。ここでは、紫を指定してみました。

[**保存**]❸をクリックすると、ブランドにカラースウォッチが追加されます❹。

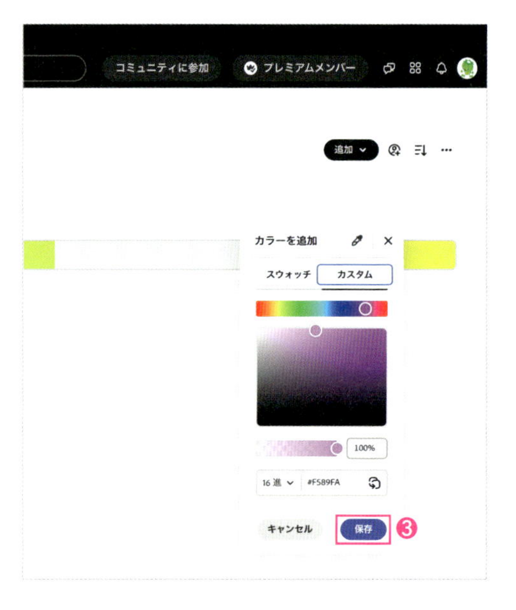


カラースウォッチは[**その他のカラー**]として表示されます。

## 5 ブランドにフォントを追加する

メインで使用するフォントをブランドに追加します。

1つのブランド内で統一したフォントを使用することで、ブランドイメージを識別できるようになります。また、ブランドの個性を際立たせることができるので、顧客の信頼を得ることができます。

画面上部のメニューから[**フォント**]❶をクリックし、画面中央の[**フォントを追加**]❷をクリックします。

フォントの一覧が表示されるので、任意のフォント(ここでは[**FOT-筑紫Aオールド明朝**]❸)を選択すると、ブランドにフォントが追加されます❹。

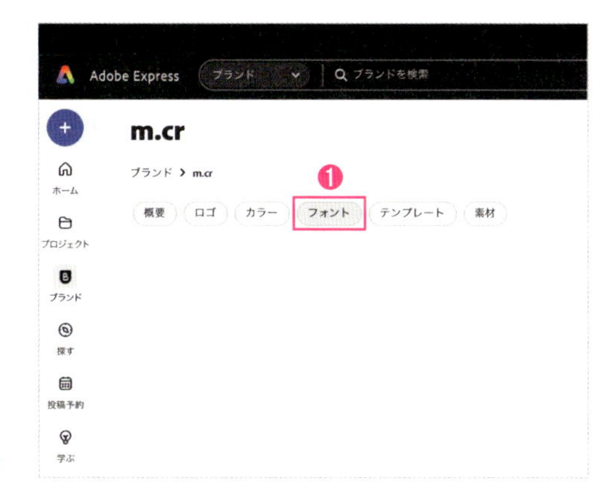

## 6 ブランドにテンプレートを追加する

頻繁に使用するデザインは、テンプレートとしてブランドに追加しておくことができます。

複数のテンプレートを追加できるので、さまざまなパターンを準備しておくと作業効率がアップします。

画面上部のメニューから[**テンプレート**]❶をクリックします。

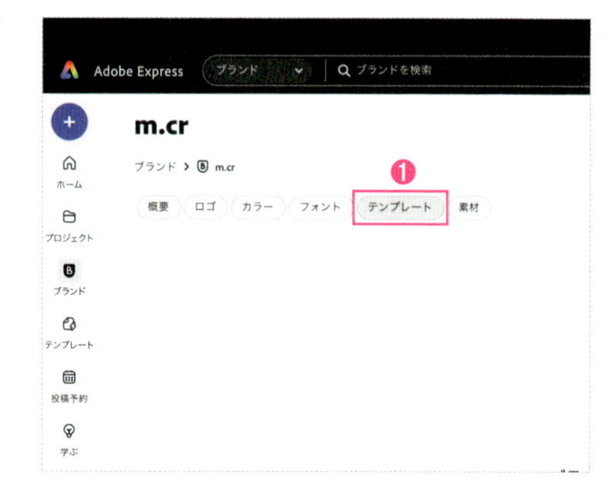


画面中央の[**テンプレートを追加**]❷をクリックします。

テンプレートとして追加するファイル❸を選択します。

[名前]❹にテンプレートの名前を入力し、[ブランドまたはライブラリを選択]❺から使用するブランド、またはライブラリを選択します。ここではブランドを選択します。

[テンプレートを保存]❻をクリックすると、テンプレートがブランドに追加されます❼。

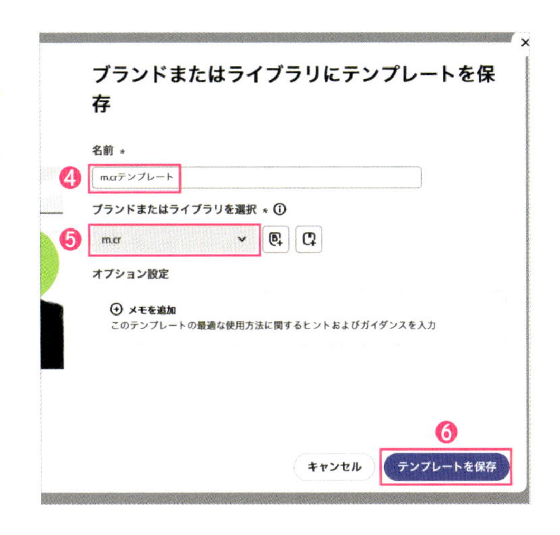

## Check ブランドのテンプレートからファイルを作成する

ブランドのテンプレートからファイルを作成するには、テンプレートを選択し、[新規ファイルを作成]をクリックします。

## 7 ブランドに素材を追加する

ブランドで頻繁に使用する素材を追加しておくと、イメージを統一することができます。毎回素材をアップロードする手間を省くこともできるので便利です。

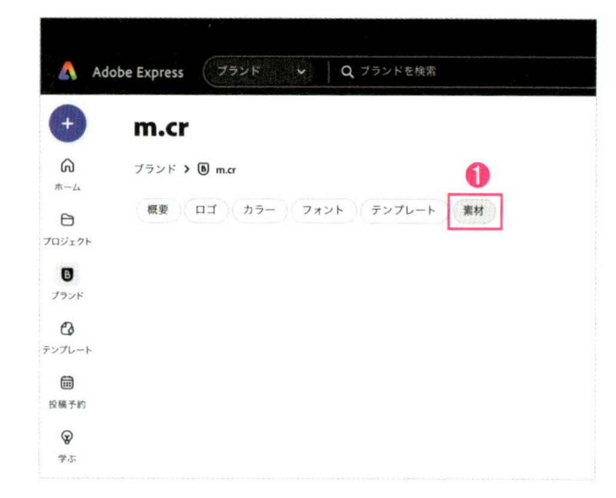


画面上部のメニューから[素材]❶をクリックします。

画面中央の[素材をアップロード]❷をクリックし、データをアップロードします。「JPG」「SVG」「PSD」「AI」など、さまざまなデータ形式に対応しています。

アップロードが完了すると、ライブラリに追加されます❸。

## 8 ブランドを適用する

ブランドに追加した「ロゴ」や「カラー」「フォント」「テンプレート」「素材」などは、編集画面左側のメニューにある[ブランド]❶からいつでもファイルに配置できます。

## 9 ブランドに複数のロゴや素材を追加する

ブランドには、複数のアイテムを追加することできます。

たとえば、ロゴは背景によって白抜きで使用することがあります。シンボル表示（記号のみ）だけではなく、文字を組み合わせることもあるでしょう。テンプレートは、InstagramやYouTubeなど、メディアによって使い分ける必要があります。

ブランドに複数のアイテムを追加しておくと、デザインのバリエーション展開が容易になります。

複数のロゴや素材を追加するには、ロゴや素材の[+]をクリックします。

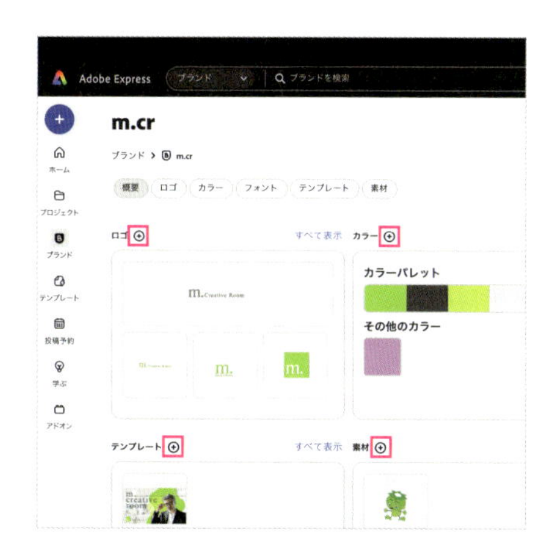

## 10 ワンクリックでブランドカラーを変更する

ブランド機能を使用すると、カラーリングやフォントをワンクリックで変更できます。

ブランドカラーを適用したいファイルを開きます。画面左側のメニューから[ブランド]❶をクリックし、適用させたいブランド❷を選択します。

[ブランドを適用]❸をクリックすると、カラーとフォントがファイルに適用されます。クリックするごとにカラーがシャッフルされて適用されます。

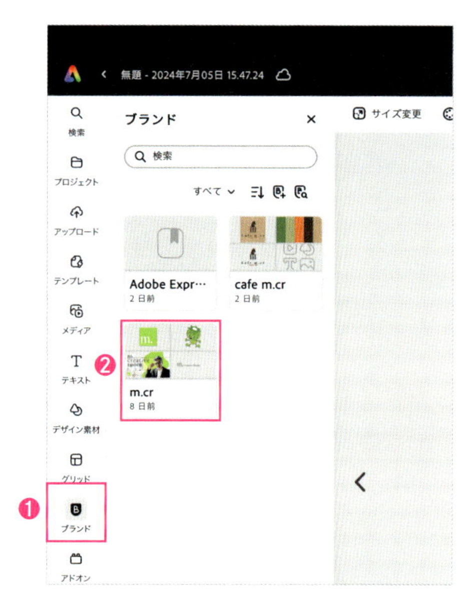


[ブランドを適用]隣の[歯車マーク]⚙をクリックし、[カラー]または[フォント]のチェックボックスを外すと、ブランドの適用から除外されます。

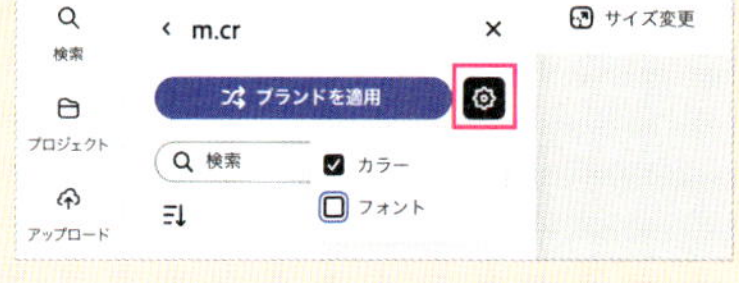


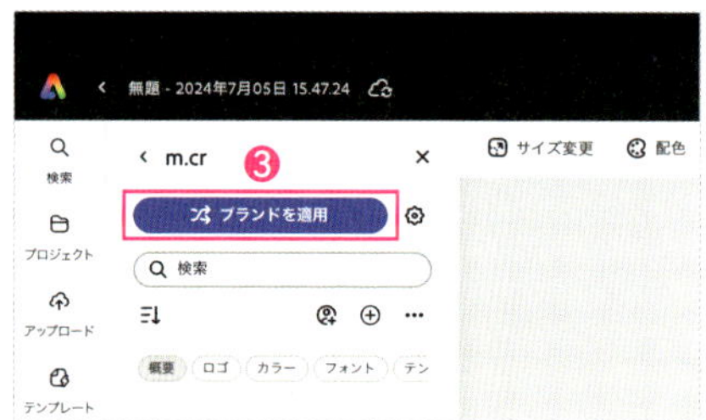

## コミュニティに参加する

Adobe ExpressのDiscordコミュニティは、Adobe Expressを愛用するクリエイター、デザイナーたちが集う場所です。

Adobe Expressの使い方に関するヒントや最新機能、クリエイティブなアイデアなどが活発に意見交換されています。

使い方などでわからないことがある場合は、コミュニティのメンバーやモデレーターに尋ねてみましょう。

コミュニティに参加するには、Discordに登録し、Adobe Expressの公式コミュニティに参加する必要があります。

Adobe Expressのホーム画面上部から［**コミュニティに参加**］をクリックすると、Discordの招待リンクを受け取ることができます。

Discord（**https://discord.com/**）

CHAPTER 04 / 4

# Illustratorのデータを読み込む

Adobe Expressは、Adobe Illustratorで作成したイラストを読み込むことができます。
イラストにアニメーションをつけたり、SNSに公開したりしてみましょう。

Adobe ExpressにAdobe Illustratorのデータを読み込む方法は、次の3種類あります。

❶Adobe Illustratorのデータをドラッグ&ドロップする
❷Creative Cloudライブラリ経由で読み込む
❸Creative Cloudのサーバーから開く

## 1 Adobe Illustratorのデータをドラッグ&ドロップする

Adobe Illustratorのデータを、Adobe Expressのホーム画面にドラッグ&ドロップします❶。

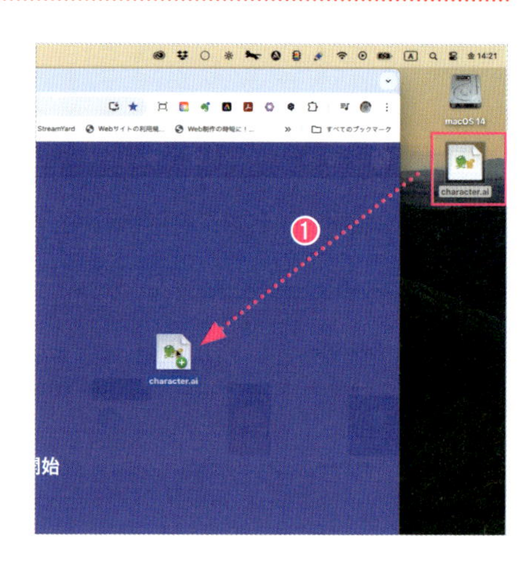


表示される画面で**[AIファイルをリンクされた画像として追加]**❷を選択し、**[新規Expressファイルを作成]**❸をクリックします。

**[AIファイルをリンクされた画像として追加]**
Adobe Expressにはリンクファイルとして配置されるため、Adobe Expressで色の変更などはできません。

**[新規ファイルでAIファイルを編集]**
Adobe Expressには素材として配置されるため、Adobe Expressで色の変更などができます。

デザインによって最適な方法を選択してください。

作成するファイルのサイズ(ここでは[**Instagram投稿(正方形)**]❹)を選択します。

[**Creative Cloudとの同期を維持**]のメッセージが表示された場合は、[**OK**]❺をクリックします。

Adobe Expressに新規ファイルが作成され、ページ上にIllustratorで作成したイラスト❻がリンクファイルとして配置されます。

イラストを修正する場合は、配置されたイラストを選択し、画面左側のメニューから[**Illustratorで開く**]をクリックすると、Adobe Illustratorが起動します。

リンクファイルとして配置されたAdobe Illustratorのデータは、コピーがクラウド上に保存されます。修正して上書き保存すると、クラウド上のデータが更新されます。

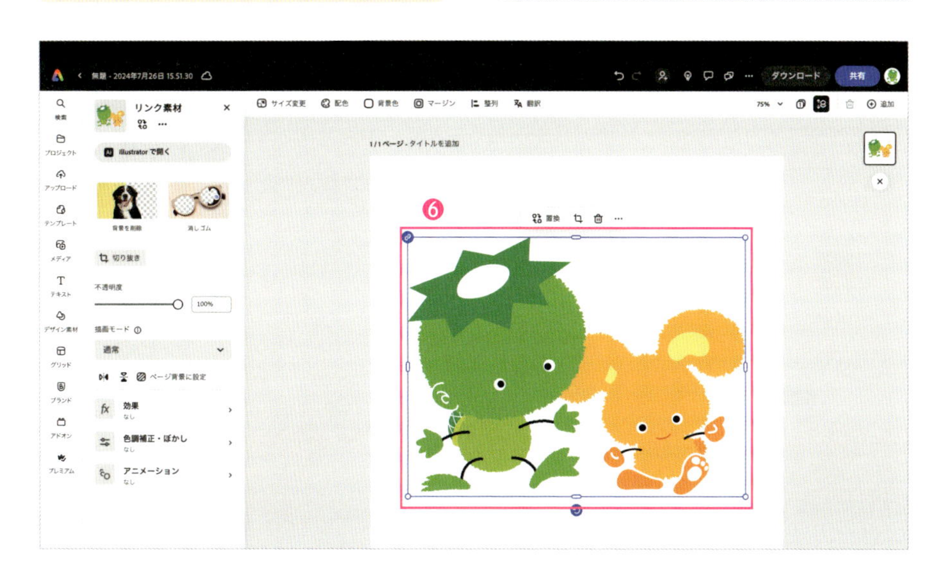

## 2 Creative Cloudライブラリ経由で読み込む

Adobe Creative Cloudに加入するとCreative Cloudライブラリ(以下CCライブラリ)を利用できます。CCライブラリにAdobe Illustratorで作成したイラストを登録しておくと、Adobe Expressからすぐに使用できるので便利です。

Adobe Illustratorでイラスト❶を[**CCライブラリ**]パネルにドラッグ&ドロップすると、CCライブラリに登録されます。登録したら、わかりやすい名前をつけておきましょう。

Adobe Expressで新規ファイルを作成し、画面左側のメニューから[**プロジェクト**]❷をクリックします。

[**ライブラリ**]タブ❸をクリックすると、Adobe Illustratorで作成したライブラリ❹が表示されているのでクリックします。

Adobe Illustratorから登録したイラスト❺が表示されるので、ドラッグ&ドロップすると配置できます。

**Adobe Illustratorの画面**

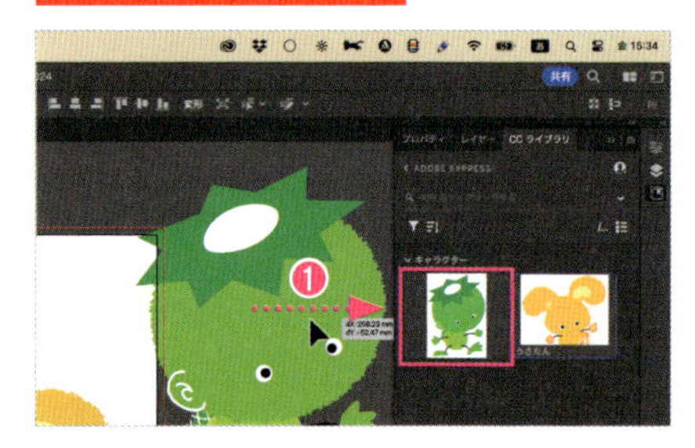


**Adobe Expressの画面**

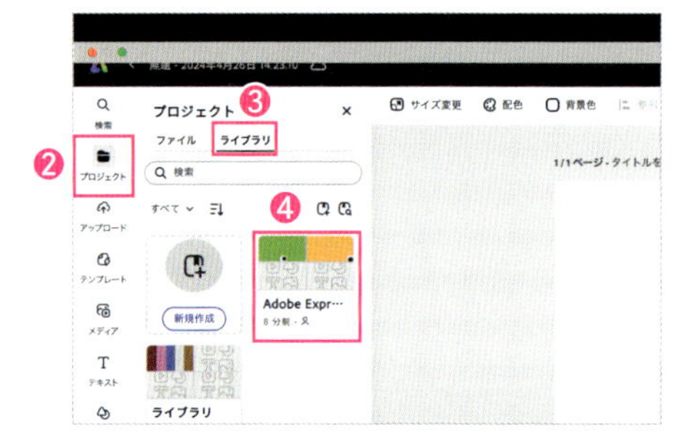


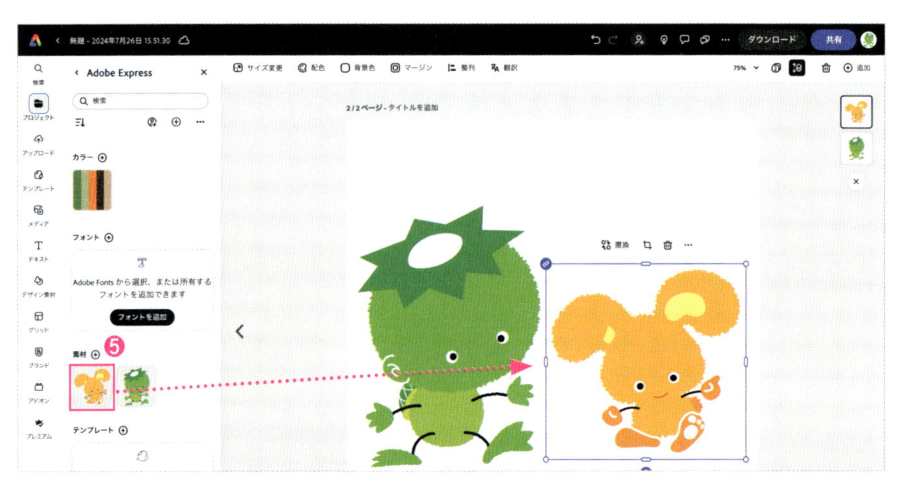

##  Creative Cloudのサーバーから開く

Adobe IllustratorのイラストをCreative Cloudのサーバーに保存すると、Adobe Expressですぐに使用できます。

Adobe Illustratorで保存するとき、**[Creative Cloudに保存]**❶をクリックすると、サーバーにデータを保存できます。

Creative Cloudに保存するとき、Adobe Express用に新規フォルダーを作成し、その中にデータを保存すると、管理しやすくなります。

**Adobe Illustratorの画面**

Adobe Expressの編集画面左側のメニューから**[プロジェクト]**❷をクリックします。

**[ファイル]**タブ❸からCreative Cloudのサーバーに保存されているデータ❹を配置できます。

**Adobe Expressの画面**

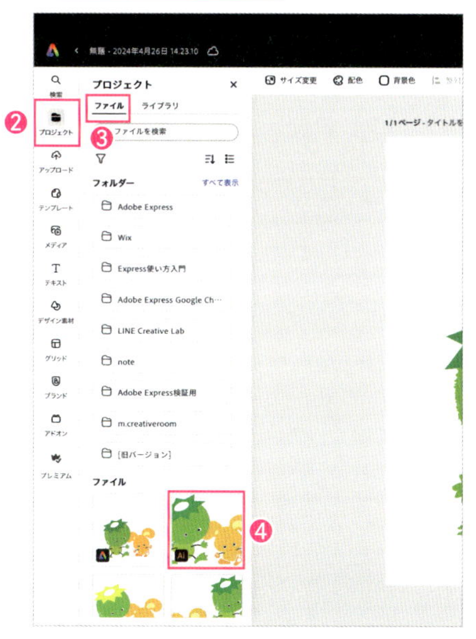

CHAPTER 04 / 5

# ページのサイズを変更する

デザインを流用する場合、コンテンツによってサイズを変更しなければなりません。
Adobe Expressでは、元のページからサイズの異なるページを自動的に複製できます。

## ● サイズの異なるページを複製する

1つのデザインを流用して複数のSNSに投稿するためには、それぞれに合ったサイズに変更しなければなりません。

Adobe Expressでは、ページのサイズの変更を一度の作業で行えます。

右図のサイズは「1080×1920px」です。

画面上部のメニューから[サイズ変更]❶をクリックします。

よく使うサイズは、[おすすめ]に表示されます。

ここでは、[Instagram投稿(正方形)1080×1080px]❷と[YouTubeサムネール1280×720px]❸にチェックを入れます。

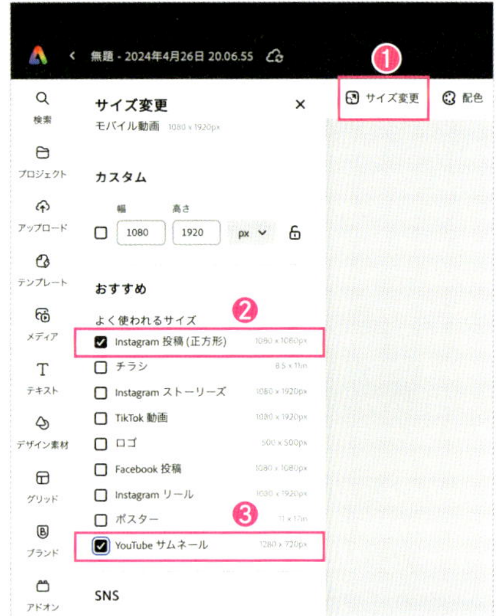

［複製してサイズ変更］❹をクリックすると、サイズの異なるページが複製されます❺。

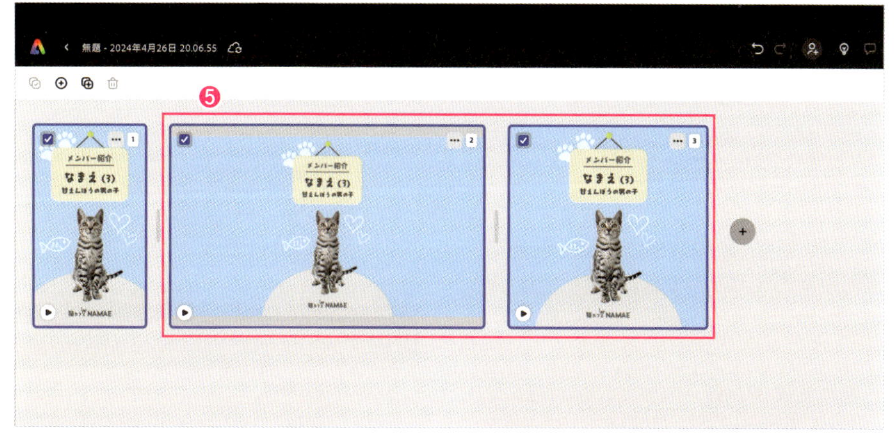


**YouTubeサムネール1280×720px**

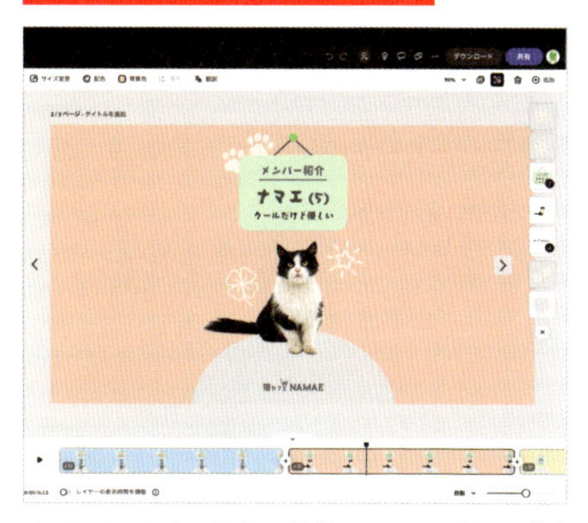

YouTube向けの画像は複数のシーンがあるデザインだが、すべてのシーンのサイズが変更されている。

**Instagram投稿（正方形）1080×1080px**

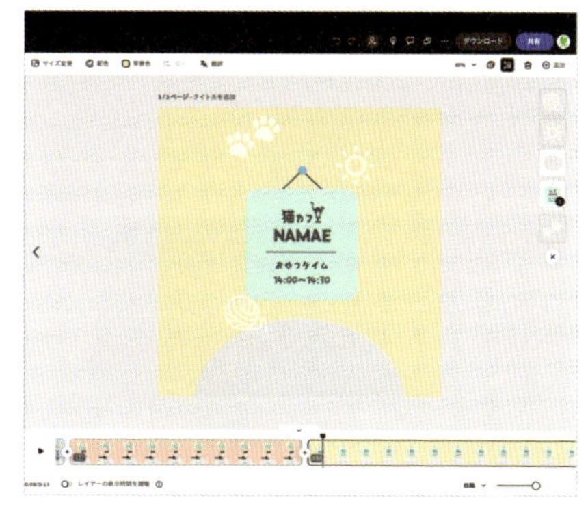

Instagram向けの画像も正しくサイズ変更された。バランスも整っている。

CHAPTER 04 / 6

# 動画の背景を削除する

Adobe Expressのプレミアムプランでは、動画の背景をすぐに削除できます。
従来は特別な撮影や特殊な作業が必要でしたが、専門知識がなくても設定できるので便利です。

## 1 動画の背景を削除する

新規ファイルを作成します。

ここでは、画面左側のメニューから[**メディア**]❶をクリックし、[**動画**]タブ❷の[**検索ボックス**]❸に「日本人　女性」と入力して検索しました。検索された動画❹をクリックし、ページに配置します。

ページに配置した「女性」の動画を選択し、画面左側のメニューから[**背景を削除**]❺をクリックします。

動画の背景が削除されます。髪の毛の切り抜きも自然な仕上がりです。

## 2 動画を仕上げる

「女性」の動画に背景を追加してみます。

画面左側のメニューから**[メディア]**❶をクリックし、**[動画]**タブ❷の**[検索ボックス]**❸に「高原」と入力します。検索された動画❹をクリックし、ページに配置します。

**[動画を全画面表示]**❺をクリックすると、「高原」の動画が画面いっぱいに表示されます。

「高原」の動画のレイヤー❻を「女性」の動画のレイヤーの下に移動すると、「高原」の動画が「女性」の動画の背景に移動します。

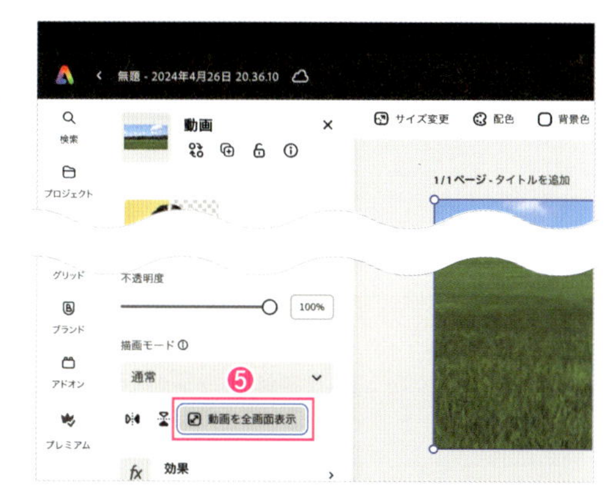

「高原」の動画の色合いがビビットなので、少し明るくしてぼかしを加えます。

「高原」の動画を選択します。画面左側のメニューから**[色調補正・ぼかし]**❼をクリックし、**[明るさ]**を「84」❽、**[ぼかし]**を「70」❾に設定します。

タイトルを追加してみました。

テキストレイアウトは**[ダイナミック]**を設定し、文字フレーム❿を追加しています。

**[シェイプの不透明度]**⓫を下げることで、明るい印象を保ったままタイトルデザインが完成しました。

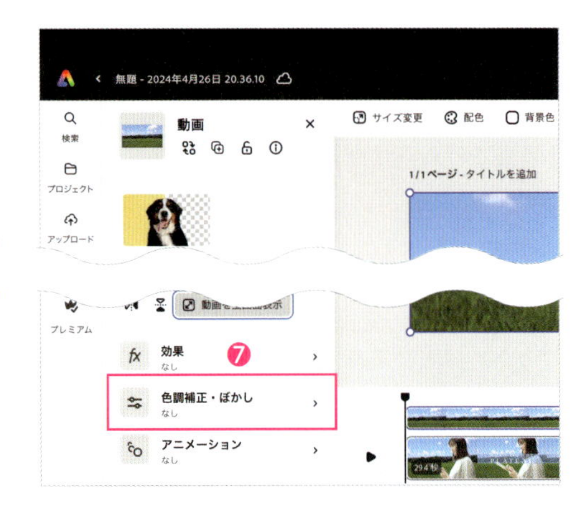

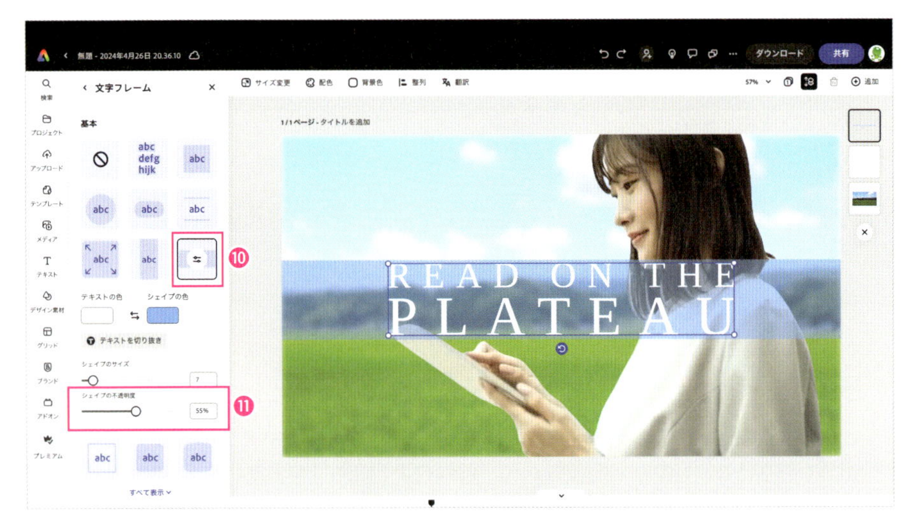

# 05

# 動画を編集する

CHAPTER 05 / 1

# 動画をアップロードする

Adobe Expressでは、動画を編集することもできます。
素材となる動画は、ドラッグ&ドロップでアップロードできるのでかんたんです。

## 1 動画を編集する

Adobe Expressでは、SNS用の画像や印刷物だけでなく動画を編集することもできます。

インターネットでたくさんのコンテンツが発信されている現代では、時間あたりの満足度（タイムパフォーマンス）が高いショート動画が人気です。

Adobe Expressでは、「TikTok」や「Instagramリール」、「YouTubeショート」などのテンプレートを利用して、ショート動画の編集も可能です。

YouTube動画（1920×1080px）

TikTok動画（1080×1920px）

## 2 ドラッグ&ドロップで動画をアップロードする

動画のファイル❶をホーム画面にドラッグ&ドロップすると、アップロードされます。

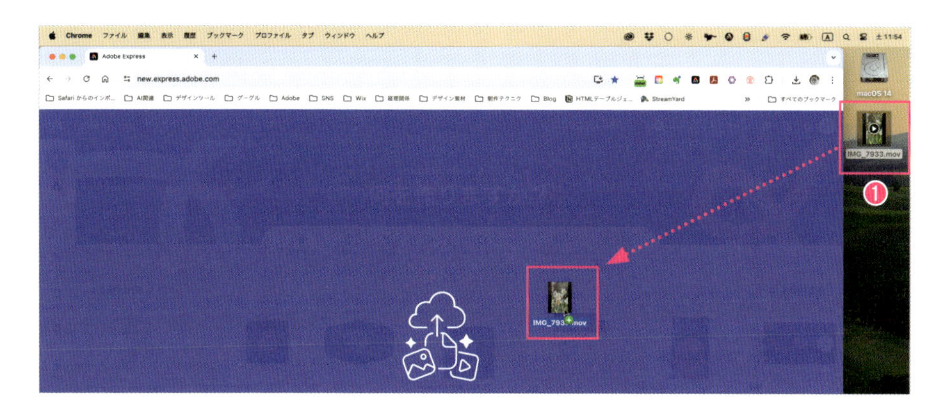

[新規作成]❷をクリックし、作成する動画の種類(ここでは[Instagramリール])❸を選択します。

Adobe Expressでは、MOV形式やMP4形式の動画をアップロードできます。ファイルサイズの上限は1GBです。

新しいファイルが作成され、編集画面の下部にはタイムライン❹が表示されます。

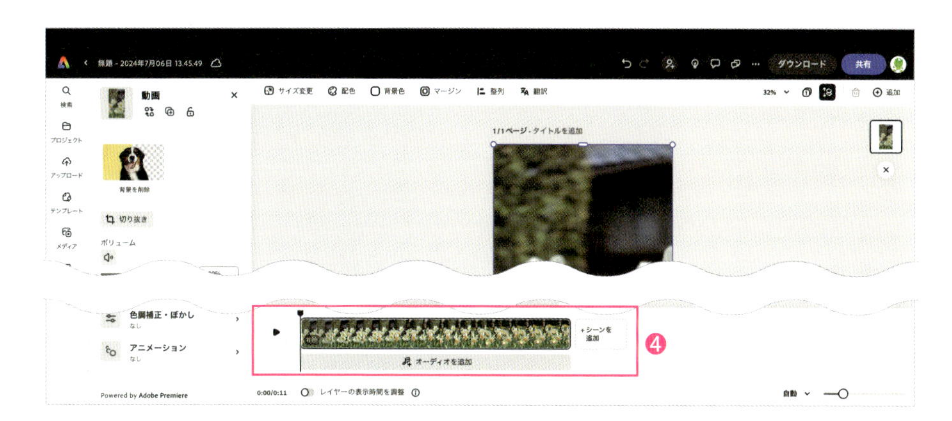

CHAPTER 05／2

# 動画をトリミングする

「トリミング」とは、動画の不要な部分を削除し、必要な部分のみ残すことです。アップロードした動画をトリミングし、ユーザーが見やすい長さに調整しましょう。

## 1 動画を分割する

タイムラインにある再生ヘッド❶を、分割したい位置までドラッグします。

シーンにマウスポインターを重ねるとミートボールメニュー❷が表示されます。

「シーン」とは、動画を構成する場面（部品）のことです。

ミートボールメニューをクリックし、［分割］❸をクリックすると、シーンが再生ヘッドの位置で分割されます❹。

手順を繰り返し、シーンを3つに分割します❺。

## 2 不要なシーンを削除する

3つに分割したシーンのうち、不要な前後のシーンを削除し、使用したいシーンのみ残します。

削除したいシーン❶にマウスポインターを重ね、ミートボールメニューをクリックして［**シーンを削除**］❷をクリックすると、動画が削除されます。

手順を繰り返し、後ろのシーン❸も削除します。

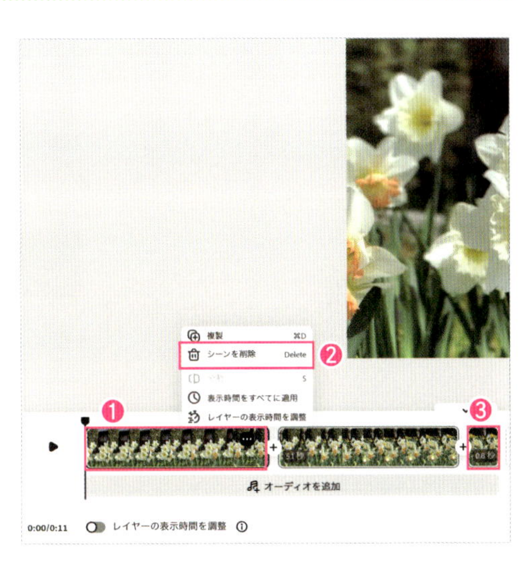


動画がトリミングされました。

CHAPTER 05 / 3

# 動画を追加する

単一の動画では画面に変化が少なく、表現が限られてしまいます。
ほかの動画と組み合わせることで、多様で豊かな表現が可能になります。

## 1 シーンを追加する

前ページから続けて作業しています。

タイムライン右端にある[**シーンを追加**]❶をクリックすると、タイムラインに空白のシーン❷が追加されます。

画面左側のメニューから[**メディア**]❸をクリックし、[**動画**]タブ❹をクリックします。

[**検索ボックス**]❺に追加したい動画のキーワード(ここでは「チューリップ」)を入力して検索します。

検索結果から動画❻をクリックすると、空白のシーンに動画❼が配置されます。

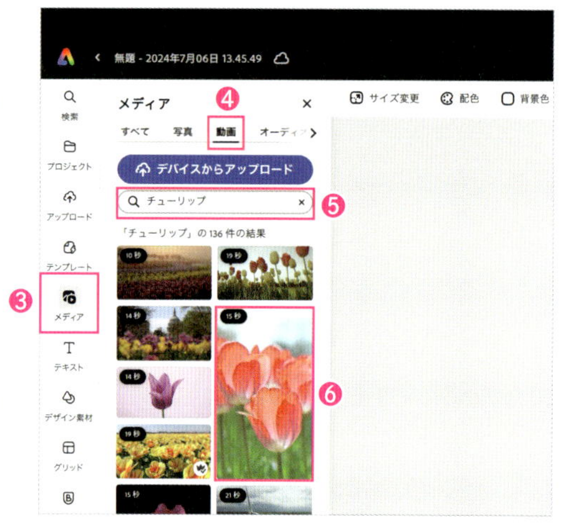


シーンには、動画のほかに写真やイラストなどを追加できます。

シーンの右端❽をドラッグし、再生時間を約5秒に調節します。

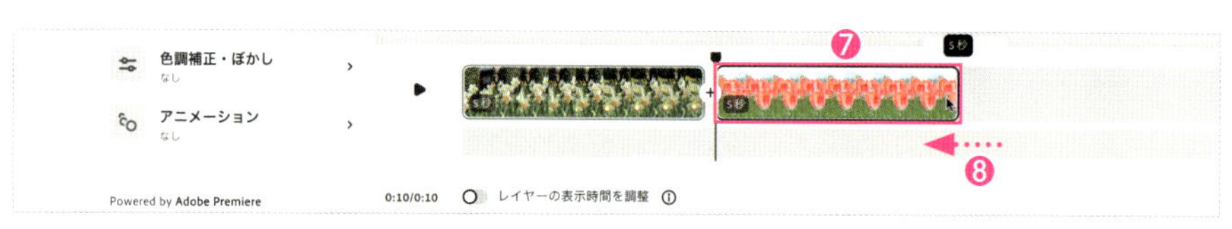

## 2 トランジションを追加する

シーンの切り替わる部分にトランジションを追加すると、映像が突然変化する違和感を緩和できます。

シーン間の[+]❶をクリックし、[**トランジションを追加**]❷をクリックします。

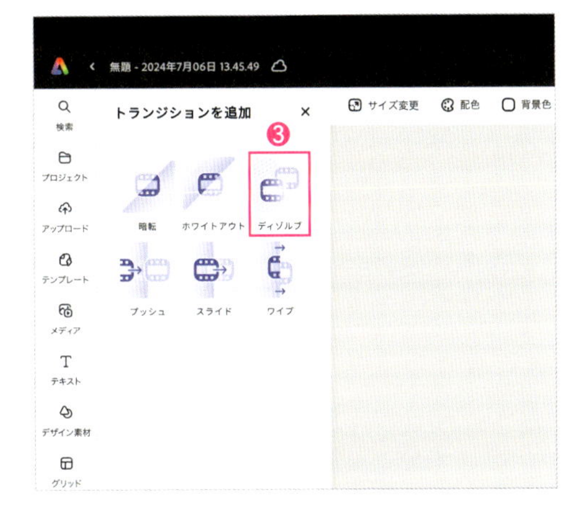


画面左側のパネルにトランジションの種類が表示されるので、追加したいトランジション(ここでは[**ディゾルブ**])❸をクリックすると、トランジションが追加されます❹。

画面左側のパネルから[**プレビュー**]❺をクリックすると、トランジションの動作を確認できます。

[**動作時間(秒)**]❻からトランジションの動作時間を調整します。

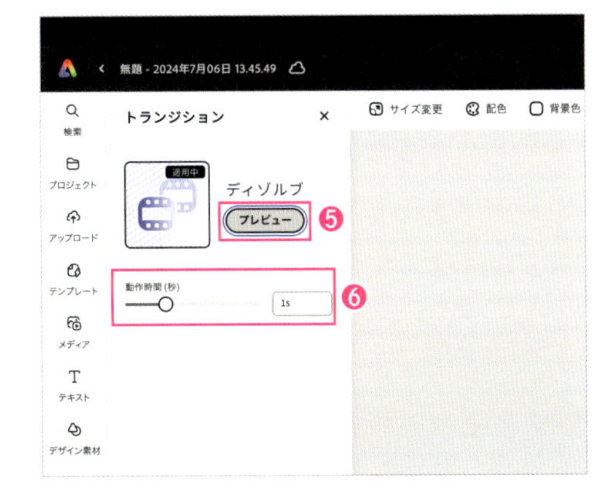

CHAPTER 05 / 4

# 背景に動画を重ねる

動画は、素材として配置することもできます。
背景画像に動画素材を重ねると、表現にバリエーションが生まれ、ユニークな動画を作成できます。

## 1 背景の画像を追加する

タイムライン右端にある[シーンを追加]❶をクリックして空白のシーンを追加します。

前ページから続けて作業しています。

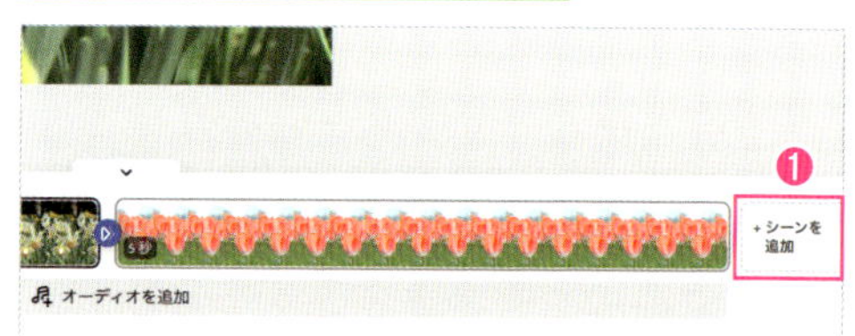


画面左側のメニューから[デザイン素材]❷をクリックし、[背景]タブ❸をクリックします。

[検索ボックス]❹に「草原」と入力し、イメージに合った画像❺をクリックすると、空白のシーンに画像❻が追加されます。

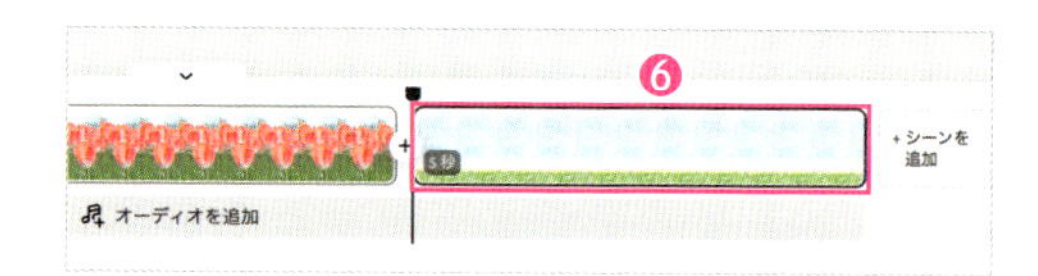

## 2 動画素材を配置する

画面左側のメニューから[メディア]❶をクリックし、[動画]タブ❷をクリックします。

[検索ボックス]❸に「蝶々」と入力し、イメージに合った動画❹をクリックすると、動画素材❺が配置されます。

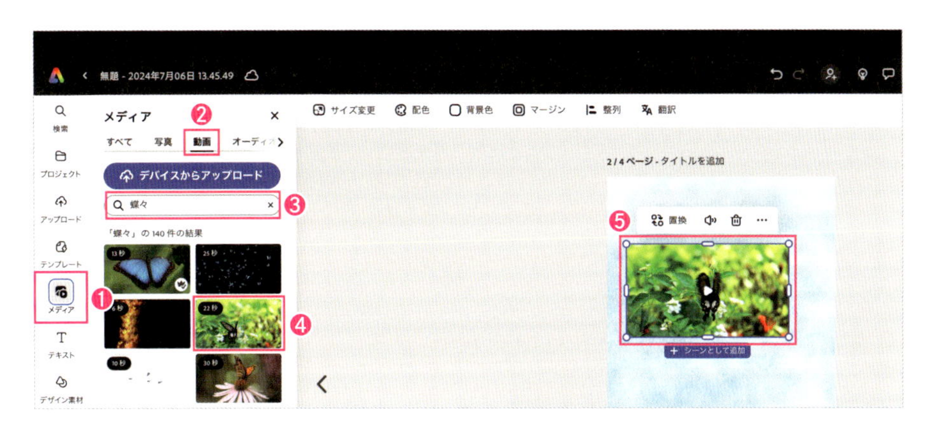


画面左側のパネルから[切り抜き]❻をクリックします。

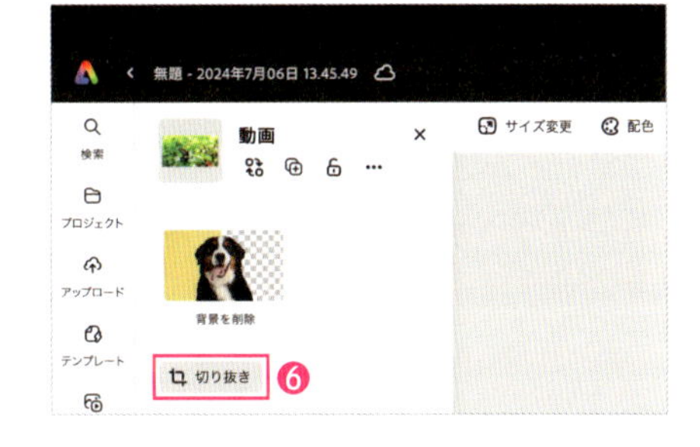


[シェイプ]❼の中から切り抜く形(ここでは[円形])をクリックすると、動画素材が切り抜かれます(次ページ参照)。

動画素材のサイズと位置を調節します。

## 3 動画素材にアニメーションを設定する

画面左側のパネルから[**アニメーション**]❶をクリックします。

パネルが[**アニメーション**]に切り替わるので、アニメーションを指定します。

ここでは、[**ループ**]❷にある[**波乗り**]❸を指定しました。

文字と円形の図形を配置して動画は完成です。

## 4 動画の再生順を変更する

動画❶をドラッグ&ドロップして順番を入れ替えると、再生順を変更できます。

CHAPTER 05 / 5

# 動画の字幕を自動生成する

Adobe Expressには、動画の字幕を自動的に作成する機能が備わっています。
インタビューやナレーション付き動画のテロップ作成に役立ちます。

## 1 動画をアップロードする

ホーム画面から[**おすすめのクイックアクション**]の[**すべて表示**]をクリックし、[**すべてのクイックアクション**]を表示して[**字幕を自動生成**]❶をクリックします。

[**動画内で話されている言語**]から言語(ここでは[**日本語**])❷を選択し、動画のファイルをドラッグ&ドロップするか、[**参照**]❸をクリックしてファイルを指定すると、動画をアップロードできます。

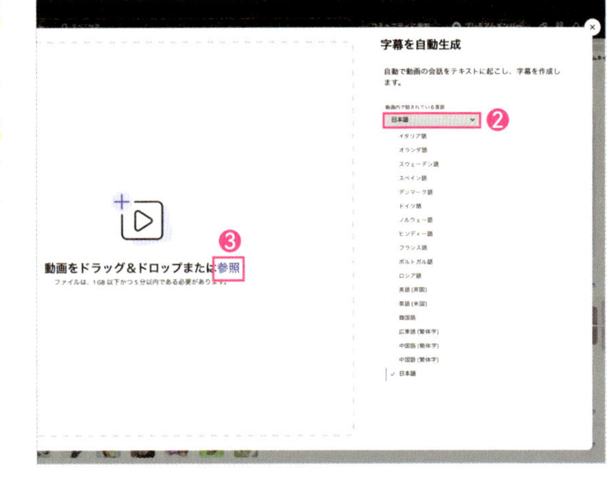


アップロードする動画のファイルサイズの上限は1GBです。

動画がアップロードされると、字幕❹が自動的に作成されます。

## 2 字幕を編集する

字幕が作成されると、画面右側のパネル❶から字幕の内容や色などを変更できます。ただし、この画面では字幕の位置やサイズは変更できません。Adobe Expressの編集画面で自由な編集が可能になります。

[エディターで開く]❷をクリックします。

[ダウンロード]❸をクリックすると、字幕付きの動画をダウンロードできます。ファイル形式はMP4形式になります。

Adobe Expressの編集画面が表示されるので、通常の文字と同様、字幕の位置やサイズ、フォントなどを変更できます。

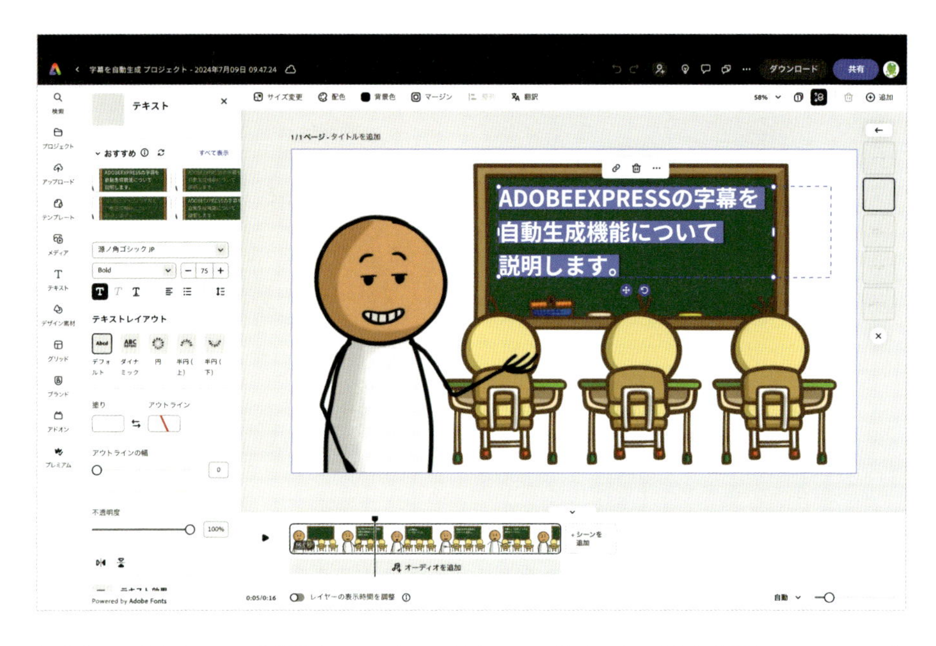


編集後は、[ダウンロード]❹をクリックしてダウンロードするか、[共有]❺をクリックして各SNSで共有しましょう。

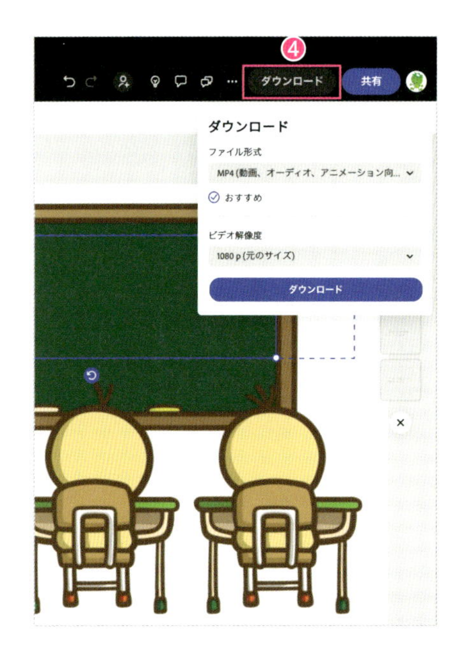


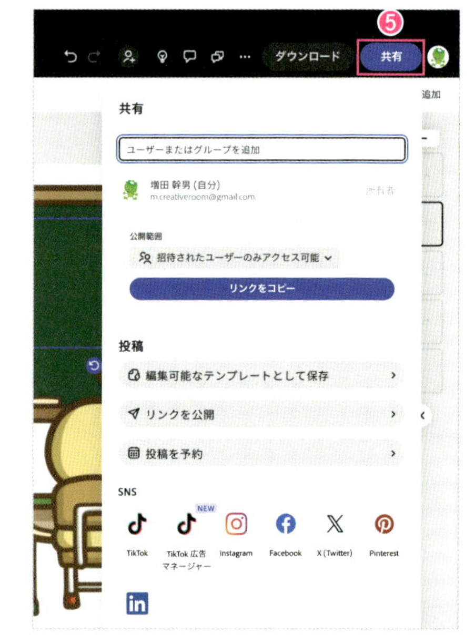

## スケッチ機能で手書きを楽しむ

Adobe Expressには、通常のメニューには表示されていないスケッチ機能が搭載されています。

スケッチ機能は手書き感覚で自由にイラストを描くことができるので、デザインに独自のタッチを加えたり、アイデアを直感的に表現したりすることができます。

スケッチ機能を使うには、ホーム画面左側のメニューから[+]❶をクリックし、**[検索ボックス]**❷に「スケッチ」と入力します。

検索結果には**[スケッチ]**と**[スケッチワークシート]**❸が表示されるので、目的に合わせて選択します。それぞれの違いはプロジェクトのサイズです。

| | |
|---|---|
| **スケッチ** | 2000px×2000px |
| **スケッチワークシート** | 8.5×11in |

ブラシは画面左側のメニューからブラシの形やサイズ、色を設定できるので、自由に描いてみましょう。

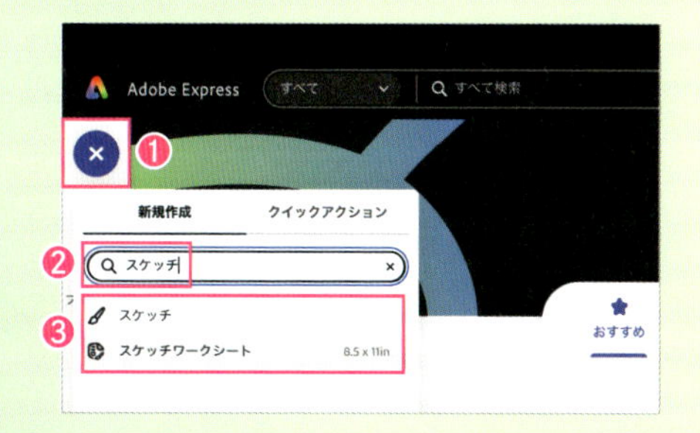


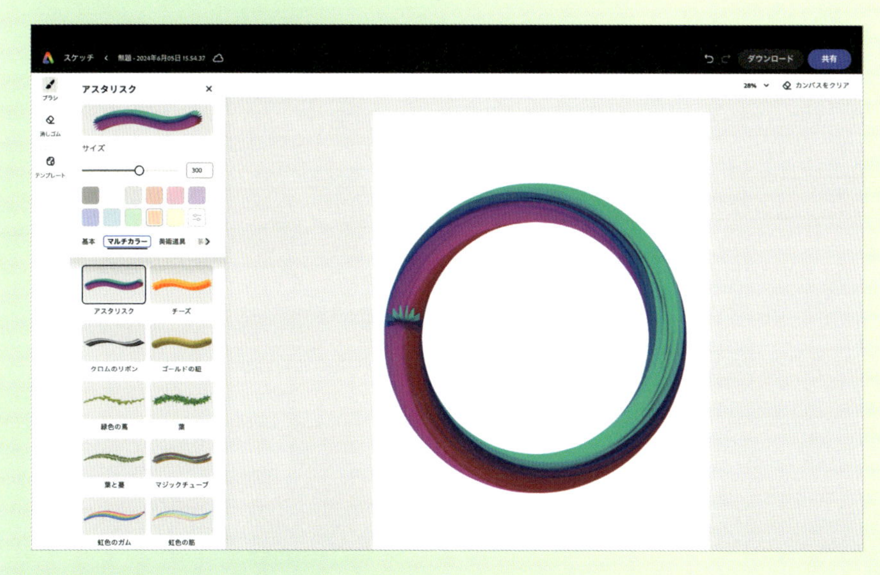

## デジタル塗り絵を塗ってみよう

Adobe Expressには、スケッチで使用できるテンプレートがたくさん用意されています。

画面左側のメニューから[**テンプレート**]❶をクリックすると、テンプレートが表示されます。

目的のテンプレート❷をクリックすると、ファイルが作成されます。ブラシで自由に塗ってみましょう。

画面上部のメニューから[**ダウンロード**]❸をクリックすると、ダウンロードできます。

# 06

# 印刷物をデザインする

CHAPTER 06 / 1

# ロゴを作成する

広告においてロゴタイプやシンボルは、そのお店を象徴する大切なアイテムです。AdobeExpressのテンプレートを使うと、商用利用も可能なロゴを作成できます。

## 1 テンプレートを探す

ロゴはブランドの象徴で、SNSで商品を宣伝したり、ショップの価値を高めたりする役割があります。また、ブランドのアイデンティティを確立し、視覚的な差別化を図るためにもロゴが必要です。ロゴは、単なる図柄ではなく、ブランドの成功に直結する重要なツールといえます。

ここでは、オーガニックコーヒーを提供する架空のコーヒーショップ「m.cr」のロゴを作成します。

ホーム画面から[**マーケティング**]❶をクリックし、[**おすすめのマーケティングテンプレート**]の[**ロゴ**]タブ❷をクリックして、[**すべて表示**]❸をクリックすると、ロゴのテンプレートが表示されます。

たくさんのテンプレートから好みにあったものを探すのも楽しいですが、**[フィルター]**機能を使うと、効率よくテンプレートを探すことができます。

オーガニックコーヒーを提供するコーヒーショップのロゴなので、画面左側のパネルから**[スタイル]**をクリックし、表示される項目から**[オーガニック]**❹をクリックすると、オーガニック関連のデザインが表示されます。

コーヒーショップの名前「m.cr」の「m」をシンボル化できそうなテンプレート❺がありました。クリックし、表示された画面で**[このテンプレートを使用]**❻をクリックすると、テンプレートの編集画面❼が表示されます。

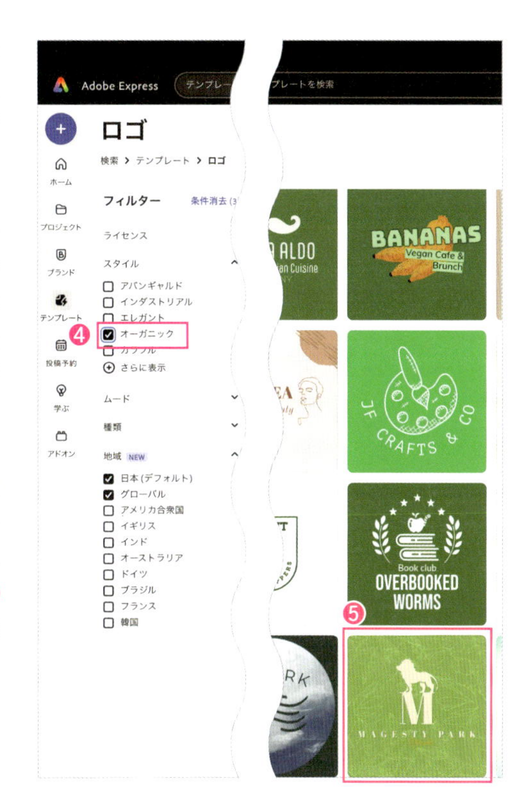

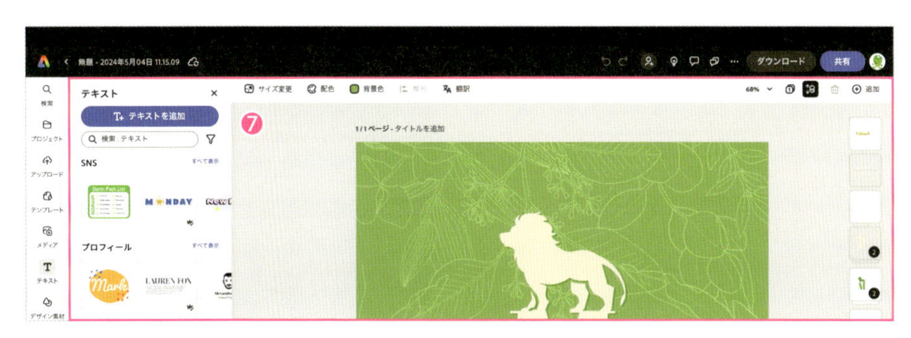

## 2 テンプレートを編集する

ショップ名（ここでは「cafe m.cr」）❶を入力し、シンボルの「M」❷のフォントを「TA-candy Regular」❸に変更しました。

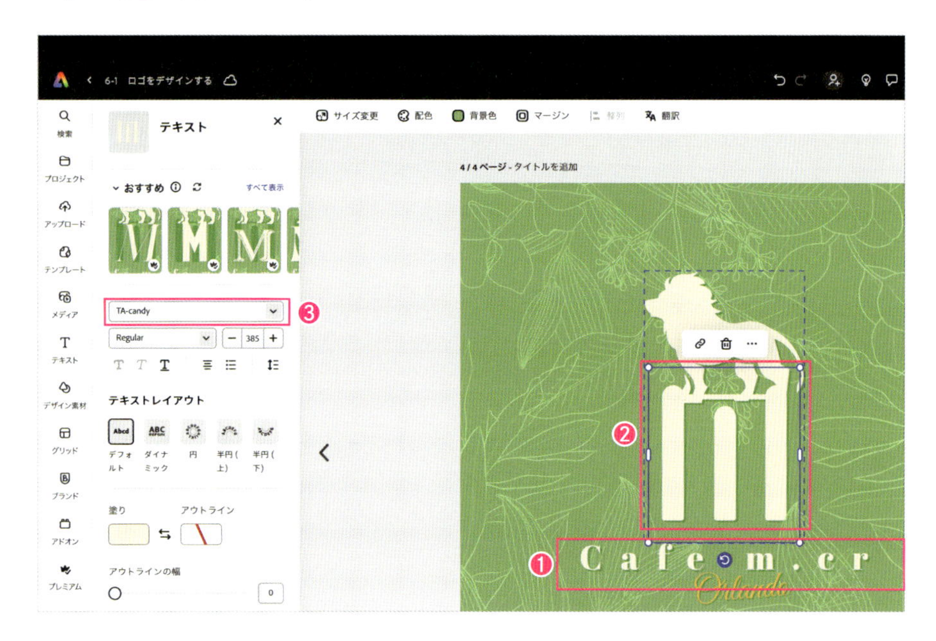


次に、カラーテーマを変更し、全体の印象をショップのテーマに近づけます。

ここでは、第4章で紹介したAdobe Colorを使用します。

今回のコーヒーショップのテーマは「オーガニック素材」です。Adobe Color（https://color.adobe.com/ja/）にアクセスし、［検索ボックス］❹に「オーガニック」と入力します。

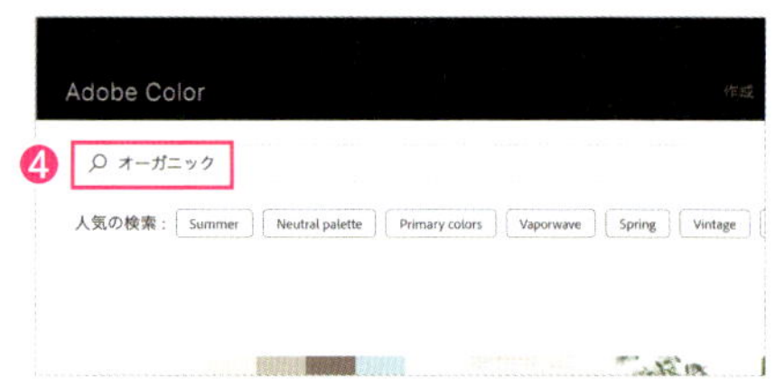


検索結果からイメージに合ったカラーテーマ❺をクリックしてライブラリに追加します。

ライブラリに追加したカラーテーマを使って、全体のカラーリングを調整します。

まず、背景色を変更してイメージを刷新します。画面上部のメニューから**[背景色]**❻をクリックし、追加したライブラリを表示します。ハンバーガーメニュー❼からAdobe Colorで追加したライブラリを選択し、表示されたカラーテーマからイメージに合う色❽を設定します。

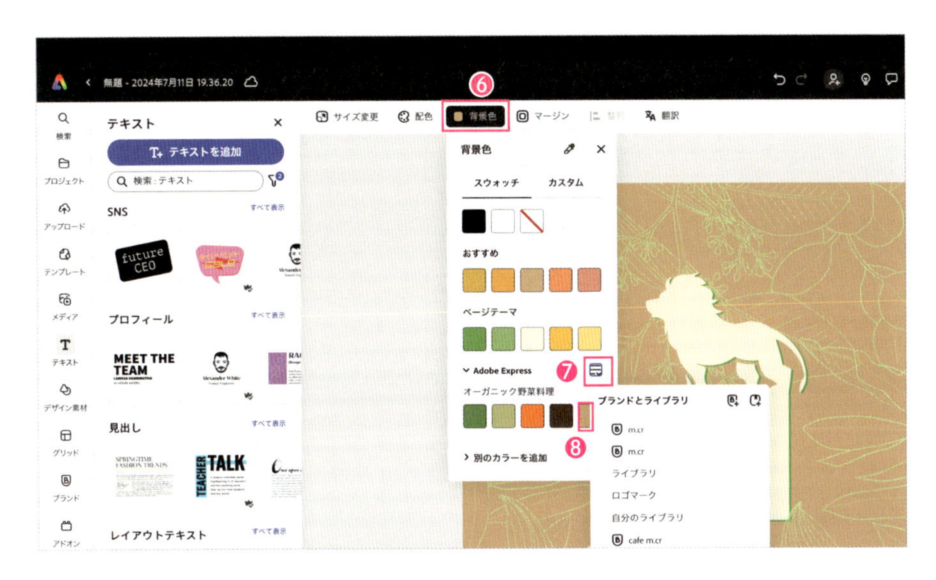


続いて、❾の文字を選択します。**[塗り]**❿をクリックし、カラーテーマのオレンジ⓫をクリックすると、文字の色がオレンジに変更されます。

素材⑫を選択し、画面左側にある[**効果**]をクリックします。[**カスタム**]⑬をクリックし、[**シャドウ**]と[**ハイライト**]⑭で[**白**]⑮を選択します。

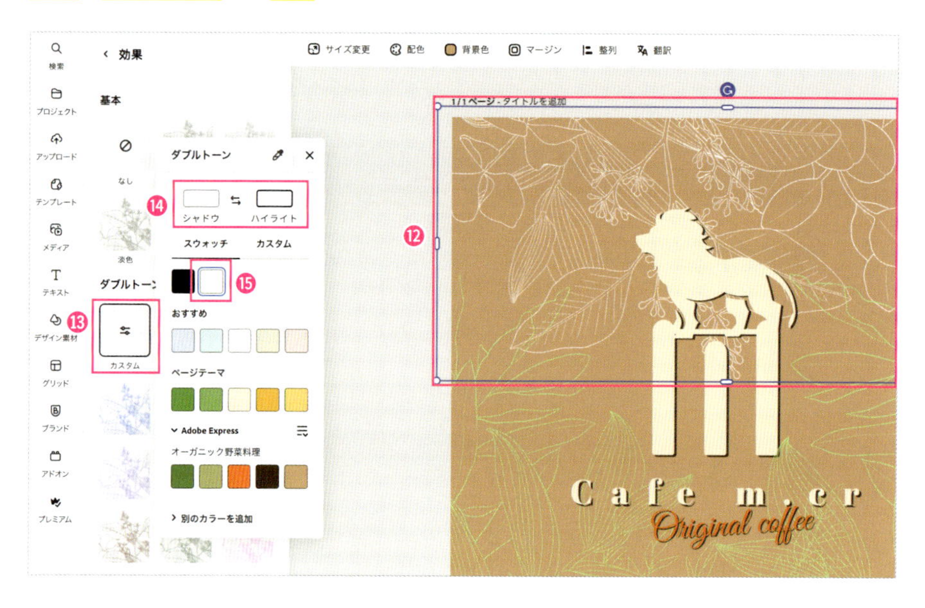


テンプレートのライオンのアイコンを猫のアイコンに変更します。

画面左側のメニューから[**デザイン素材**]⑯をクリックし、[**アイコン**]タブ⑰をクリックします。[**検索ボックス**]⑱に「ねこ」と入力し、検索結果からアイコン⑲をクリックして配置します。

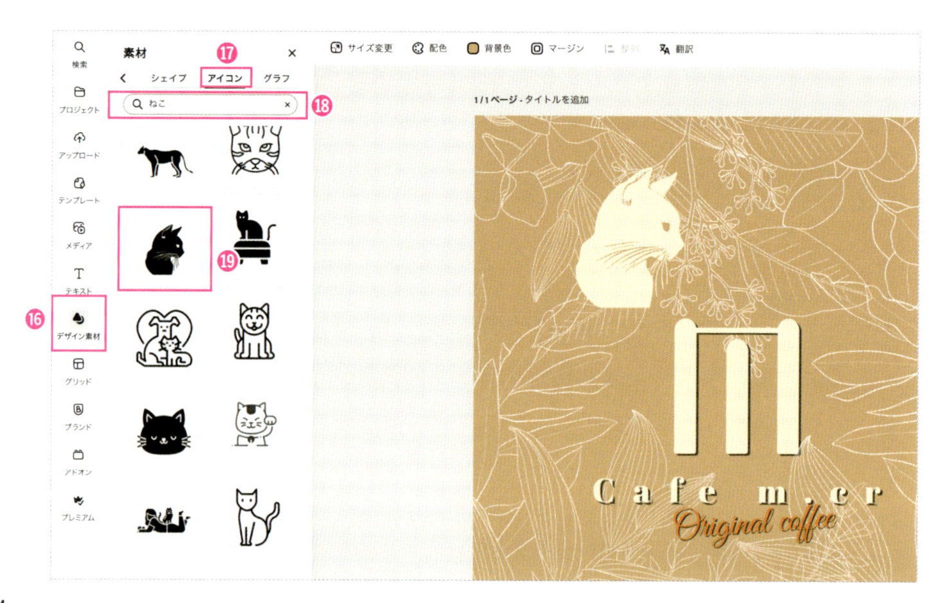

カラーテーマや文字のバランスを調整して完成です。

テンプレートでは、素材や文字にシャドウが設定して立体感を表現していましたが、少しうるさく感じたため、シャドウを削除してシンプルに仕上げました。

テンプレート

作成したロゴ

## Check

### サイズを変更する

テンプレートから作成したロゴのデフォルトサイズは、500px×500pxです。

より大きなサイズのロゴを作成する場合は、あらかじめサイズを設定するか、作成後に[**サイズ変更**]から調整します。

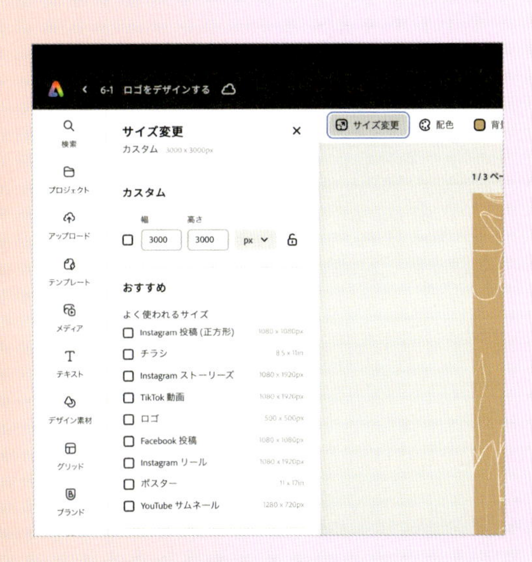

## 3 ロゴのバリエーションを作成する

ロゴを使用する際、用途によっては作成したロゴが効果的に使用できないことがあります。

たとえば、バナーに配置されているロゴの可読性が低い場合、ロゴのシンボルのみのバージョンや背景を省いたバージョンを作成しておくと、使い分けることができます。

元のロゴはそのまま残しておきたいので、複製を使ってバリエーションを作成します。

画面上部のメニューから[**追加**]❶をクリックし、[**複製**]❷をクリックすると、作成したロゴが複製されます

[**背景色**]❸をクリックし、[**塗りつぶしなし**]❹をクリックすると、ロゴの背景が削除されます。

背景が透明になるので、シンボルのみを使用できます。

画面上部のメニューから[**ダウンロード**]❺をクリックし、[**ファイル形式**]から[**透過PNG(画像に最適)**]❻を選択して、[**ダウンロード**]❼をクリックすると、ロゴのバリエーションがパソコンにダウンロードされます

画面左側のメニューから[**ブランド**]❽をクリックし、追加したいブランド(ここでは「cafe m.cr」)❾を選択します。

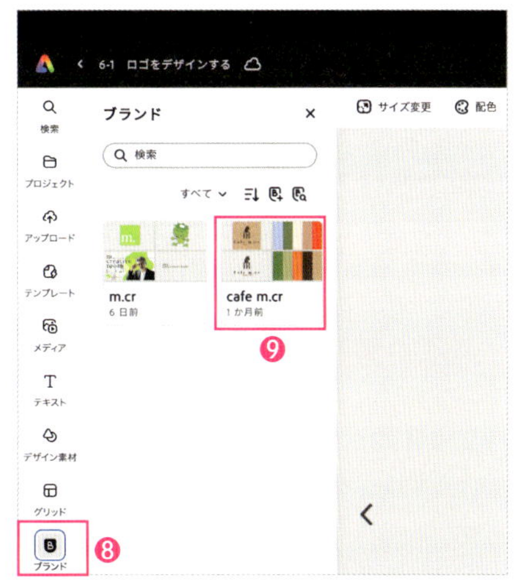


[**ロゴ**]の[**+**]ボタン❿をクリックし、ダウンロードしたロゴのデータを選択してアップロードします。

これで、バリエーションのあるロゴを使用できます。

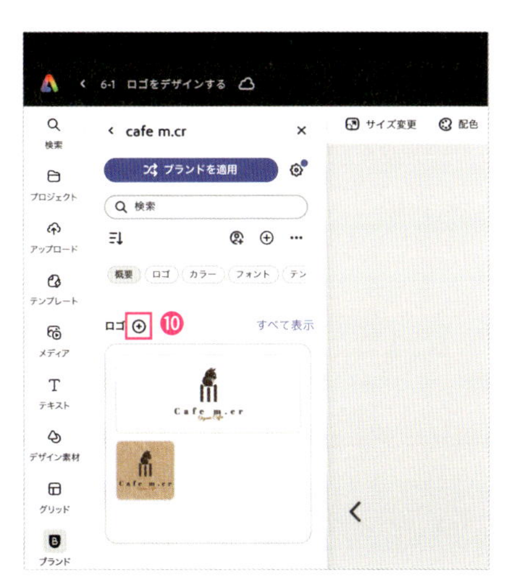

CHAPTER 06 / 2

# ポスターを作成する

ここでは、前節「6-1 ロゴを作成する」で作成したロゴを使ってポスターを作成します。SNS用の画像を作成する場合と異なり、いくつかの注意点があります。

## 1 ブランドを作成する

前節で作成したロゴやカラーを管理するため、ブランドを作成します。

ホーム画面左側のメニューから[ブランド]❶をクリックし、[ブランドを作成]❷をクリックします。

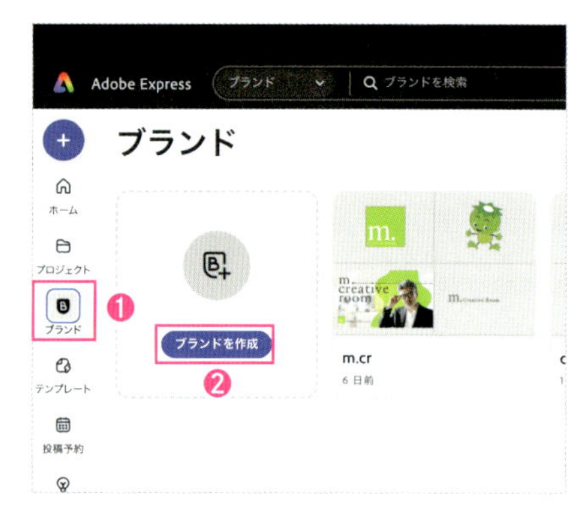


ブランドの名前(ここでは「cafe.m.cr」)❸を入力し、[新規作成]❹をクリックします。新しいブランドを作成します。

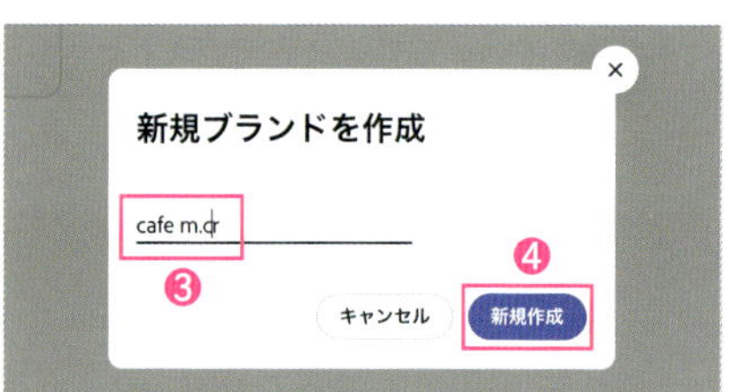


前節で作成したロゴをPNGデータでダウンロードし、ブランドの[ロゴ]❺に追加しました。

ブランド機能を利用するには、プレミアムプランへの登録が必要です。ブランド機能に関する詳細は、「4-3 ブランド機能を利用する」を参照してください。

［カラー］❻には、ロゴ作成時に作成したカラーテーマを追加しました。

［ブランド］に［ロゴ］と［カラー］を追加しました。［フォント］、［テンプレート］、［素材］❼は追加せず、そのまま使用します。

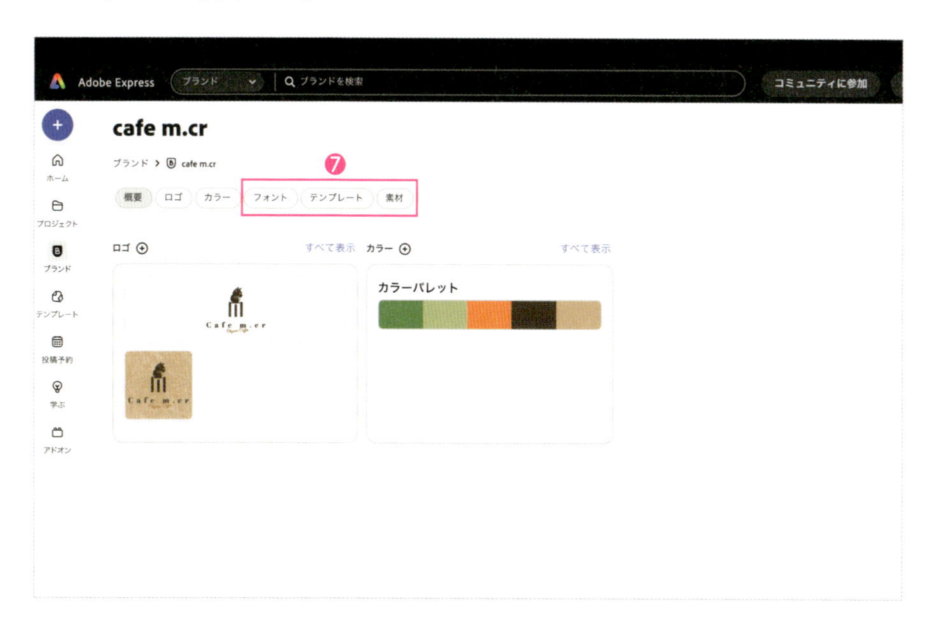

## 2 新しいファイルを作成する

A3サイズ(420mm×297mm)のファイルを作成します。ここでは、テンプレートを使用せず白紙の状態から作成していきます。

ホーム画面左側のメニューから[+]ボタン❶をクリックし、[検索ボックス]に「A」と入力すると、A3、A4、A5規格の縦と横のサイズがそれぞれ表示されます。

ここでは[A3 縦]を選択します。

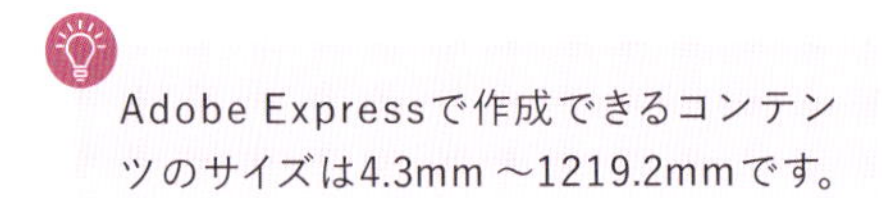

Adobe Expressで作成できるコンテンツのサイズは4.3mm ～1219.2mmです。

## 3 画像を配置する

ポスターのメインビジュアルとなる画像を検索して配置します。

今回のポスターでは、安らぎや笑顔といった「柔らかく楽しい雰囲気」を表現します。

画面左側のメニューから[メディア]❶をクリックします。

[写真]タブ❷をクリックし、適切な画像を検索してページに配置します。

ここでは、「コーヒー　笑顔」で検索した画像❸を2点、配置し、画像に動きを加えるため斜めに回転させました。

イメージを2つ使用するデザインでは、「大きいイメージ」と「小さいイメージ」を使い分けて緩急を意識し、画面にリズムをつけると全体がまとまりやすくなります。

配置した画像をダブルクリックし、画面左側のパネルから[**切り抜き**]をクリックします。

配置した2つの画像に対して、[**シェイプ**]にある[**円形**]❹を設定しました。

切り抜いた画像を全体のバランスをとりながら調節します。

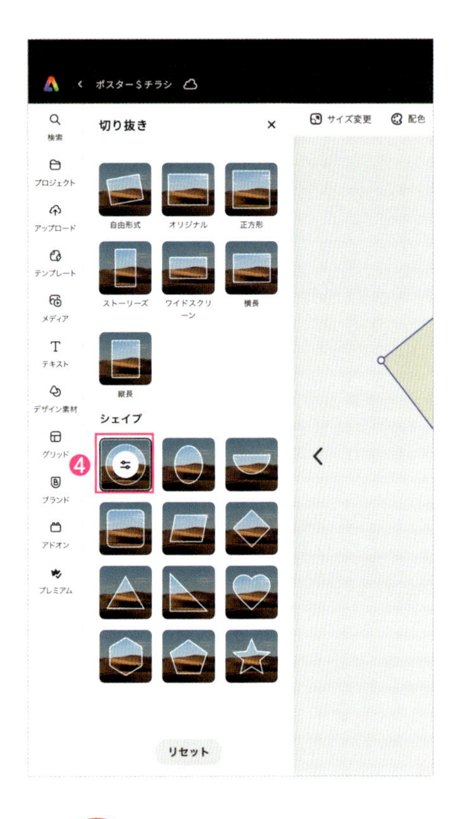

## 4 背景色を設定する

背景色を設定するには、画面上部のメニューから[**背景色**]❶をクリックし、[**ブランド**]に登録したカラーテーマを選択します。

カラーテーマが表示されない場合は、ブランドのハンバーガーメニュー❷をクリックし、作成したブランド❸を選択します。

背景に使用する色(ここでは薄い茶色)をクリックして指定します。

## 5 背景に素材を設定する

ロゴを作成するときに使用した背景の素材を、ポスターにも配置します。

ロゴのファイルを開きます。

背景の素材を右クリックすると表示されるメニューから[**コピー**]❶を選択します。

ポスターのファイルに戻り、背景を右クリックすると表示されるメニューから[**ペースト**]を選択すると、コピーした素材が配置されます❷。

ペーストした素材のレイヤーを、写真のレイヤーの下にドラッグして移動します❸。

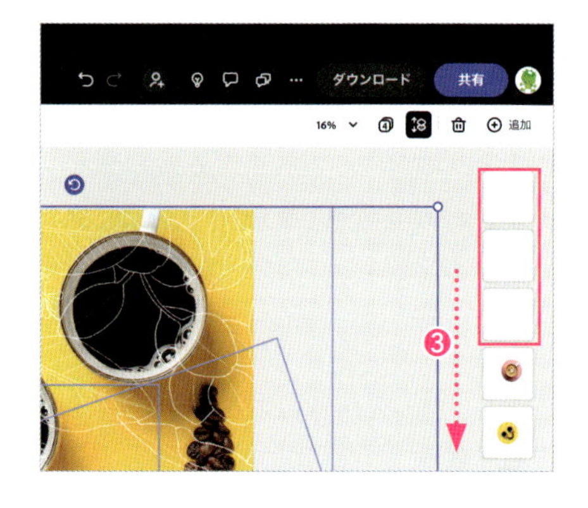


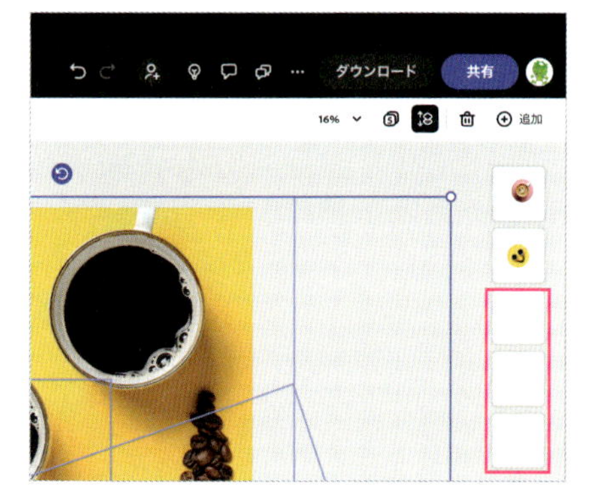


バランスを調整したあと、背景の素材が不用意に動かないようにします。

背景の素材を選択し、コンテキストツールバーのミートボールメニュー❹をクリックして[**ロック**]❺をクリックします。

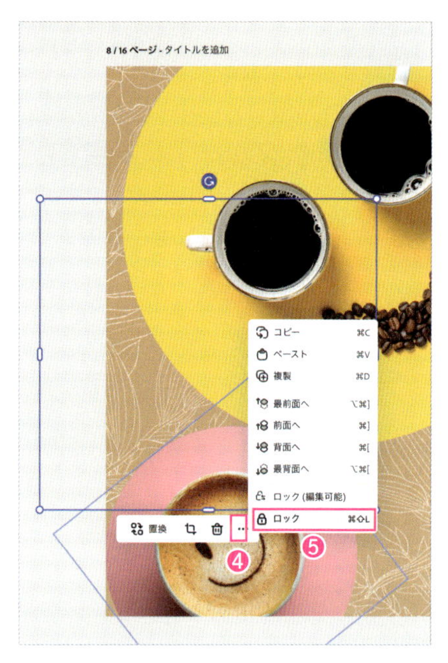

## 6 文字を配置する

メインタイトル「ORGANIC COFFEE」❶を配置します。

フォントは「Adorn Serif Regular」を選択しました。

文字の色を右図のように変更し、[**不透明度**]を「80%」に設定します。

キャッチコピー❷は少し変化をつけたいので、[**テキストレイアウト**]を[**半円(下)**]❸に設定し、回転させました。その後、[**文字フレーム**]を設定しています。文字色は黄色、シェイプの色はオレンジです。

同様に、後半のキャッチコピー❹も[**テキストレイアウト**]を[**半円(上)**]にして回転させました。[**文字フレーム**]は、文字色を黄色、シェイプのカラーを濃い茶色にしています。

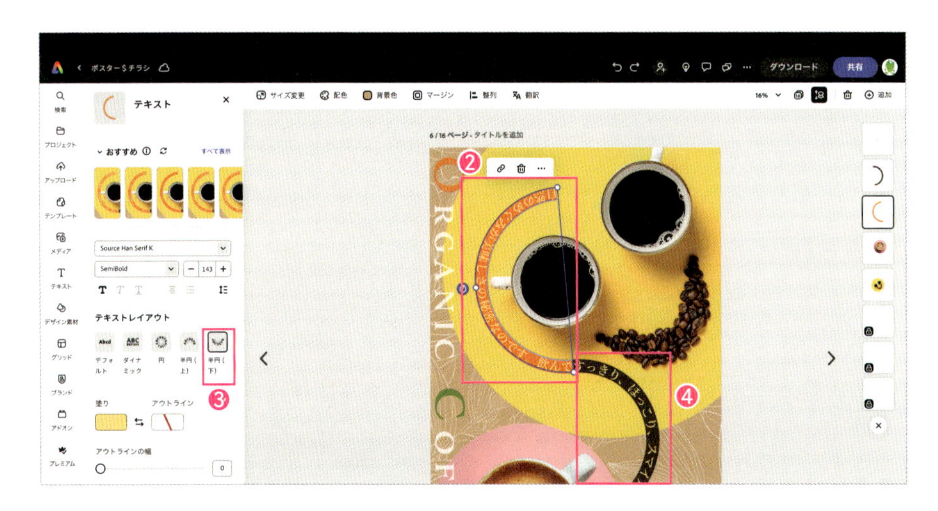

Adobe Expressは、縦書きに対応していません(2024年7月現在)。そのため縦書きの文字を使用したい場合は、擬似的に縦書きに設定します。

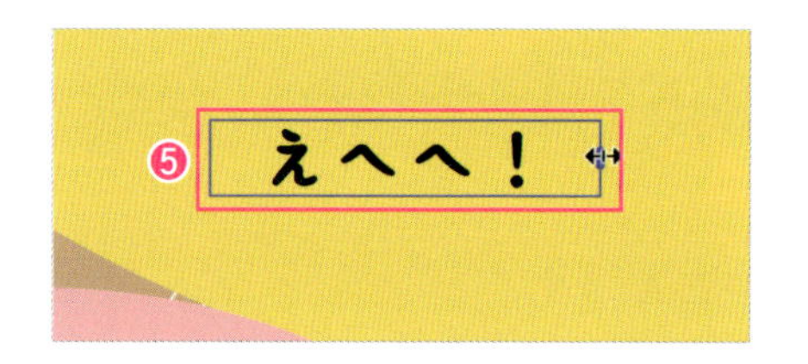


縦書きにしたい文字❺を入力します。フォントやサイズを変更します。

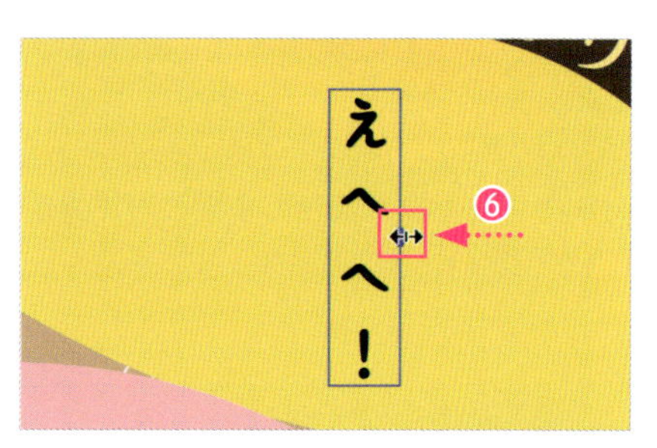


テキストボックスの右側❻をドラッグし、テキストボックスの幅を狭くすると、擬似的に縦書きになります。

[行間]❼を設定し、自然に見えるように調整します。

位置や向きを変更すると、コーヒーカップの笑顔が引き立ちます❽。

## 7 ロゴを配置する

画面左側のメニューから[ブランド]❶をクリックし、作成したブランドからロゴ❷を配置すると、ポスターの完成です。

完成したポスター

## 8 PDFデータをダウンロードする

Adobe Expressから直接印刷することはできません。PDFデータをダウンロードする必要があります。

PDFデータをダウンロードするには、画面上部のメニューから[ダウンロード]❶をクリックし、[ファイル形式]❷から[PDF(ドキュメント向け)]を選択して、[ダウンロード]❸をクリックします。

CHAPTER 06/3

# チラシを作成する

作成したポスターを利用してチラシを制作してみましょう。ポスターとチラシを同じデザインにすることで、ブランドの認知度を高め、顧客への一貫したメッセージを伝えることができます。

## 1 ポスターのサイズを変更して複製する

ポスターは視覚的に強い印象を与えるため、たくさんの人に情報を伝えることができます。

一方、チラシは手に取ることができるため、住所や電話番号、QRコードなど、詳細な情報を伝えることができます。

ポスターとチラシを併用することで、顧客に一貫したメッセージを伝え、ブランドの認知度と信頼性を高めることができます。

作成したポスターからチラシを作成します。

ポスターのファイルを開きます。

画面上部のメニューから[**サイズ変更**]❶をクリックし、[**カスタム**]❷でA4サイズ規格の「210mm×297mm」を設定します。

ポスターはそのまま保存しておくため、[**複製してサイズ変更**]❸をクリックします。

縦横比が同じなのでわかりづらいですが、ポスターサイズをA4サイズに変更したページが2ページ目❹として追加されました。

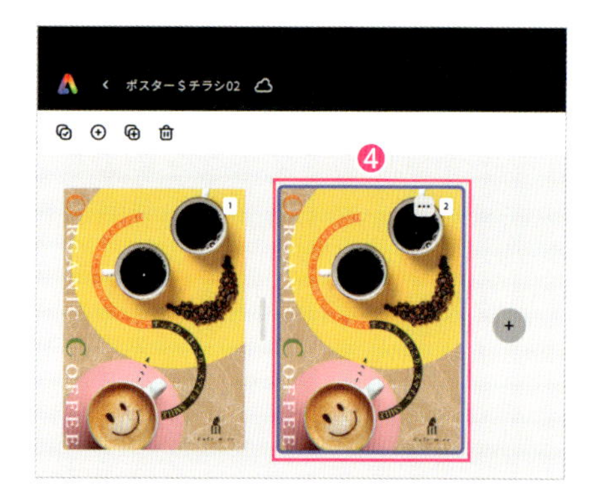

## 2 素材を配置する

紙面の下部に住所などの情報を追加して配置するため、配置されていた素材を上部に少し移動しておきます。

画面左側のメニューから[**デザイン素材**]❶をクリックし、[**シェイプ**]タブ❷をクリックして、[**長方形**]❸をクリックすると、長方形が配置されます❹。

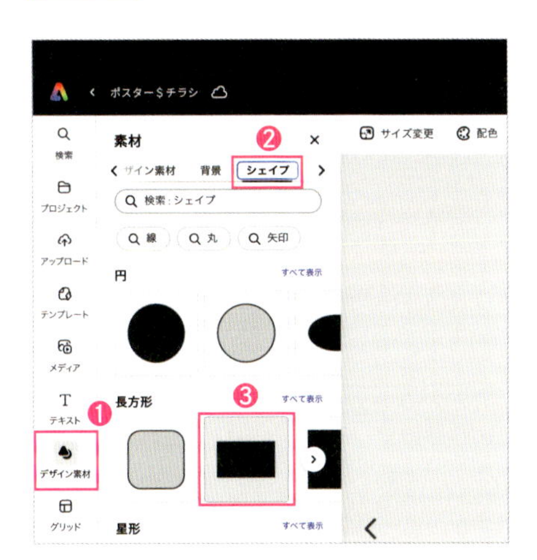

配置された長方形を選択し、画面左側のパネルから[**塗り**]❺をクリックします。作成したブランドのカラーテーマから[**オレンジ**]❻を選択します。

配置された長方形をページの下部に移動します❼。右辺をドラッグしてサイズを調整し、帯状に変形します❽。

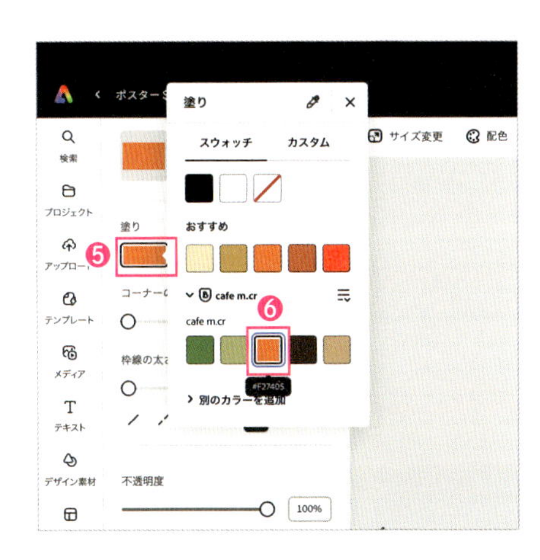

長方形のときと同様に[**デザイン素材**]❾をクリックし、[**シェイプ**]にある[**吹き出し**]を選択します。[**すべて表示**]をクリックし、ティアドロップ形状の素材❿を探して配置します。

長方形のときと同じようにカラーテーマの緑⓫をクリックして色を変更します。

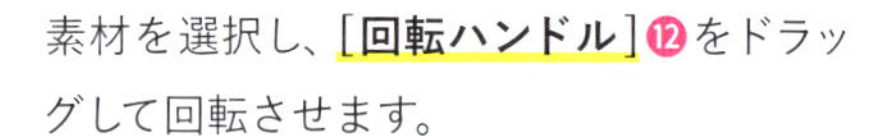
素材を選択し、[**回転ハンドル**]⓬をドラッグして回転させます。

## 3 文字とロゴを配置する

全体のバランスを調整しながら、「OPEN!」「住所」「連絡先」「日付」「縦書きテキスト」の文字を配置しました。

ティアドロップ型の素材❶には、[乗算]を設定し、背景の素材を生かすようにしています。

ブランド機能を使ってロゴ❷を配置します。

ポスターと異なり、チラシではショップ名をわかりやすくするため、ショップ名をロゴとは別の文字❸で配置します。

ロゴの下辺をドラッグし❹、ショップ名が隠れるようにトリミングします。

トリミングできたら、四隅をドラッグしてサイズを調整し、文字のショップ名の左側に配置します。

## 4 QRコードを作成する

ホームページがある場合、「QRコード」を掲載するとユーザーを誘導できます。

QRコードは、クイックアクションを使って作成できます。

ホーム画面の[**おすすめのクイックアクション**]にある[**QRコードを生成**]❶をクリックします。

URL❷を入力し、[**ダウンロード**]❸をクリックすると、QRコードの画像をダウンロードできます。

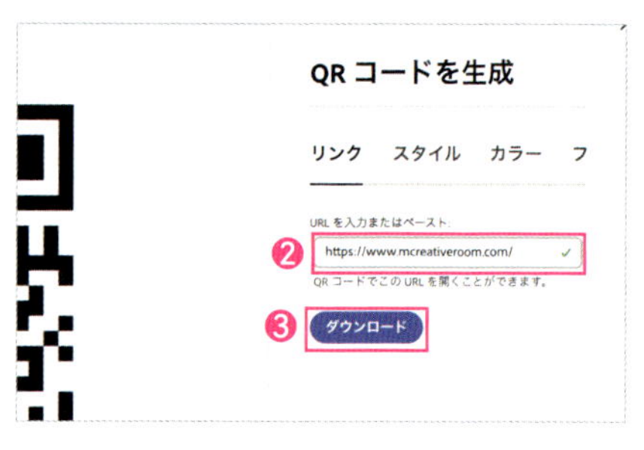


### ●QRコードのバリエーション

| | |
|---|---|
| **スタイル** | ドット、マーカー（枠）、マーカー（中央） |
| **カラー** | 黒、紺、オレンジ、赤、緑 |
| **ファイル形式** | PNG、JPG、SVG |

ここではポスターからチラシを作成しましたが、SNSの投稿や名刺、フライヤーなど、さまざまなプロモーションツールも同様の手順で作成できます。

同じデザインを使うことで、ブランドの認知度を高め、一貫したメッセージを顧客に伝えることができます。

完成したチラシ

CHAPTER 06 / 4

# コンテンツを印刷する

作成したポスターやチラシを印刷し、プロモーションに活用してみましょう。
印刷すると、SNSだけでなく、実際の店舗やイベントなどでブランドをアピールできます。

## 1 印刷物の色について知っておきたいこと

パソコンなどのディスプレイで表現される色と、印刷で表現される色には違いがあります。そのため、たとえばパソコンで作成したポスターなどを印刷してみると、色が異なるように見えることがあります。

Adobe ExpressでSNSの画像やウェブページのバナーなどを作成するとき、ディスプレイを見ながら作成します。完成品はディスプレイに表示されるため、作成中の色と完成品の色に大きな差はありません（閲覧環境やディスプレイの設定などによっては違いが出ることはあります）。

一方、印刷物もディスプレイを見ながら作成しますが、完成品はインクを使って印刷されます。ディスプレイで表現される色と作り方が違うため、作成中の色と完成品の色に差が生じます。プリンターによっては、ディスプレイに表示される色と近い色を表現できる機種もありますが、蛍光色や金色、銀色などは再現が困難な色です。

ディスプレイで表現される色

R
G
B

ディスプレイで表示される色は、「Red（赤）」、「Green（緑）」、「Blue（青）」の3つの色から構成される。

印刷で表現される色

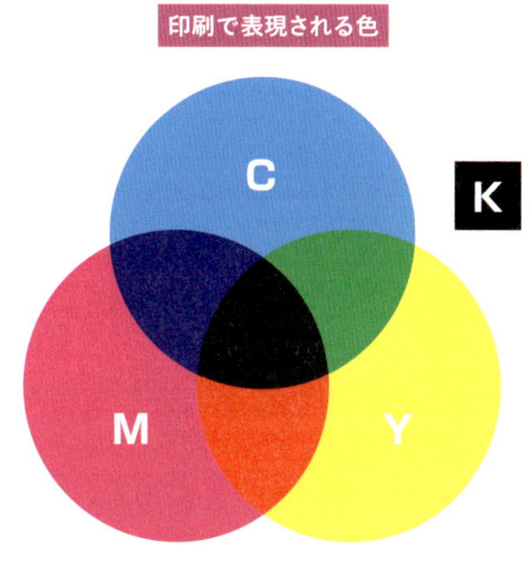


印刷物の色は、「Cyan（シアン）」、「Magenta（マゼンタ）」、「Yellow（イエロー）」、「Key/Black（キー／ブラック）」の4つの色から構成される。

## 2 PDFをダウンロードして印刷する

Adobe Expressで制作したコンテンツを印刷するには、まずPDFとしてダウンロードします。

コンテンツをダウンロードするには、画面上部のメニューから[**ダウンロード**]❶をクリックします。

[**ページ選択**]で[**選択したページ**]❷を選択し、[**ファイル形式**]で[**PDF(ドキュメント向け)**]❸を選択します。

すべてのページをダウンロードする場合は、[**ページ選択**]の[**すべてのページ**]を選択します。

[**ダウンロード**]❹をクリックすると、コンテンツがPDFとしてダウンロードされます。ダウンロードにかかる時間は、コンテンツやインターネットへの接続環境などによって異なります。

Acrobatなど、PDF閲覧ソフトを使って印刷してください。

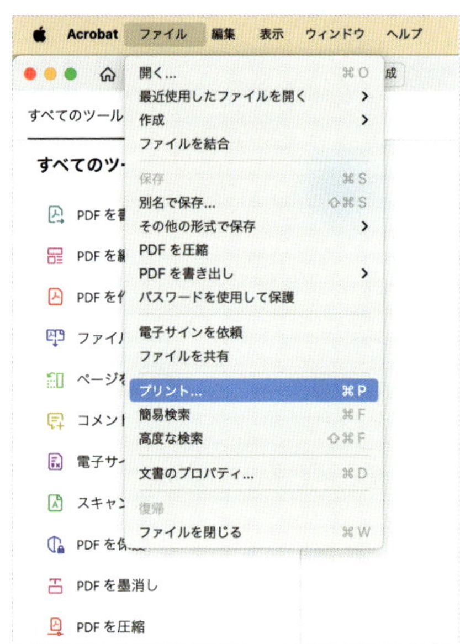


PDFを印刷する際は、プリンターの設定を確認しましょう。高品質な印刷には適切な用紙を選び、プリンターの設定を「高画質」に設定します。また、色の再現性を高めるために、プリンターのカラープロファイルを確認し、必要に応じて調整してください。

CHAPTER 06 / 5

# 印刷を印刷会社へ依頼する

作成したコンテンツを印刷会社に依頼し、高品質な印刷物を手に入れましょう。
プロモーションやイベントでの配布物として、プロフェッショナルな仕上がりを実現できます。



## 1 マージンと断ち落としを表示する

紙面いっぱいに色や画像があるコンテンツを印刷会社に依頼して印刷した場合、仕上がった印刷物の周りに紙の地の色が出てしまうことがあります。

印刷会社で印刷される印刷物は、大きな用紙に印刷されたあと、仕上がりサイズに断裁されます。断裁するときのズレにより、紙の地の色が出てしまうことがあるためです。

これを防ぐため、印刷会社に依頼する場合は、コンテンツを仕上がりサイズより上下左右3mmずつ大きく作成します。

印刷会社に依頼するファイルを開きます。

画面上部のメニューから[**マージン**]❶をクリックし、[**マージンを表示**]と[**裁ち落としを表示**]❷をオンにすると、マージン(水色の線)と断ち落とし(半透明の領域)が表示されます。

**●マージンと断ち落とし**

| | |
|---|---|
| **マージンを表示** | 「マージン」は、ページの内側の余白のこと。<br>オンにすると、ページの内側にガイドラインが表示される。 |
| **裁ち落としを表示** | 「裁ち落とし」は、印刷後に断裁される部分のこと。<br>オンにすると、ページの上下左右が3mmずつ広がる。 |

裁ち落としの領域❸まで素材を広げます。

すでに裁ち落としまで広がっている場合は、それ以上広げる必要はありません。

ここでは、下部の帯を広げました。ほかの背景素材はすでに裁ち落としの領域まで広がっているので、そのままで構いません。

## 2 ダウンロードして印刷会社に依頼する

画面上部の[**ダウンロード**]❶をクリックし、[**ファイル形式**]から[**PDF(ドキュメント向け)**]❷を選択します。

[**内トンボを追加**]と[**裁ち落としを表示**]❸が表示されるので、どちらもオンにします。

印刷する位置や、断裁する位置を示す記号のことを「トンボ」または「トリムマーク」といいます。

[**ダウンロード**]❹をクリックするとPDFがダウンロードされます。

ダウンロードされたPDFの四隅には、トンボ❺が追加されています。トンボの位置で断裁されることで、印刷物が正確な仕上がりサイズになります。

また、素材が仕上がりサイズより3mmずつ広く表示されます。

# プレゼンテーションをデザインする

CHAPTER 07 / 1

# プレゼンテーションを作成する

Adobe Expressでは、ビジネスやセミナーなどで使用頻度の高い
プレゼンテーションを作成することもできます。

## 1 Adobe Expressでプレゼンテーションを作成する

Adobe Expressでは、Adobe Stockの素材を使用できるだけでなく、チームで共同編集することもできます。チームのメンバーは最新のバージョンにアクセスできるため、プレゼンテーションの完成度を高めるためのフィードバックや修正も迅速です。

プレゼンテーションを作成するには、ホーム画面から[**ドキュメント**]をクリックします。[**おすすめのドキュメントテンプレート**]にある[**プレゼンテーション**]タブ❶をクリックし、[**すべて表示**]❷をクリックすると、プレゼンテーションのテンプレートの一覧が表示されます。

一覧の中からイメージにあったテンプレートを選択し、[**このテンプレートを使用**]❸をクリックします。

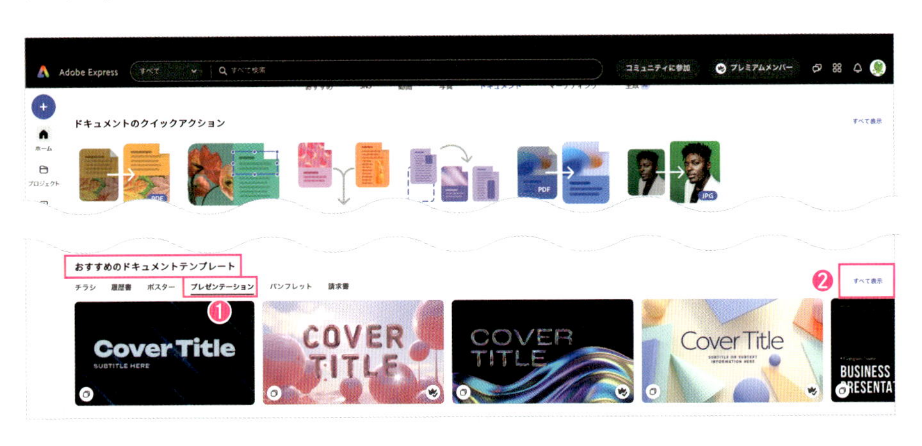

## 2 プレゼンテーションの編集画面

プレゼンテーションの編集画面は通常の編集画面といくつかの違いがあります。

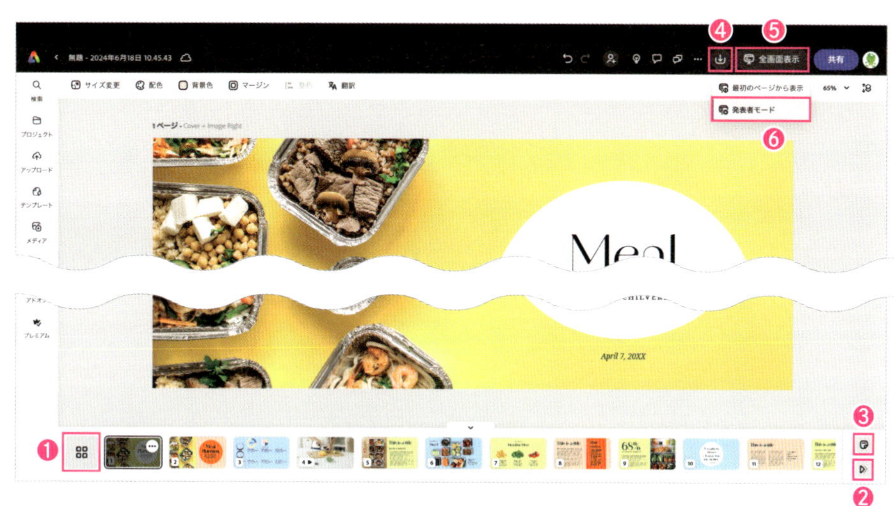

発表者モード

| | |
|---|---|
| ❶［すべてのページを表示］ | ファイル内のすべてのページを表示します。 |
| ❷［トランジション］ | ページ間のトランジションを指定できます。 |
| ❸［発表者ノート］ | 発表者モードで使用するテキストを入力できます。 |
| ❹［ダウンロード］ | ［PNG+MP4］、［JPG+MP4］、［PNG］、［JPG］、［PDF］形式でプレゼンテーションをダウンロードできます。 |
| ❺［全画面表示］ | ページを全画面に表示し、プレゼンテーションを実行します。<br>画面をクリックするか、→←を押すとページが移動します。<br>escキーを押すと編集画面に戻ります。 |
| ❻［発表者モード］ | スライドのページを移動したり、タイマー表示や発表の際に使用するテキストを表示できます。 |

CHAPTER 07 / 2

# トランジションを追加する

ページの切り替えにトランジション(ページが切り替わるときのアニメーション効果)を追加すると、閲覧者の関心を引き、メッセージが伝わりやすくなります。

## 1 ページの切り替えにトランジションを追加する

トランジションを追加するには、画面下部のページの一覧からトランジションを追加するページを選択します。

ページの一覧の右端にある[**トランジション**]❶をクリックします。

画面左側のパネルから目的のトランジション(ここでは[**スライド**])❷を選択します。

トランジションは[**ディゾルブ**]、[**プッシュ**]、[**スライド**]、[**ワイプ**]の4種類があるので、プレゼンテーションの内容やテーマに合わせて選択します。

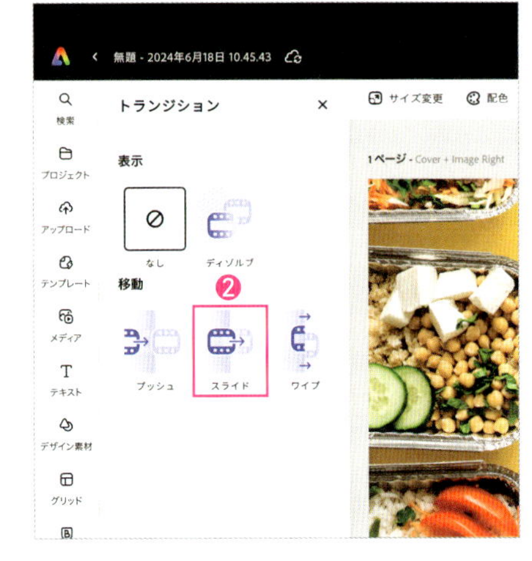


### ●トランジションの種類

| | |
|---|---|
| **ディゾルブ** | 徐々にフェードイン・フェードアウトして切り替わります。 |
| **プッシュ** | 次のページを押し出すように切り替わります。 |
| **スライド** | 次のページが覆い被さるようにスライドして切り替わります。 |
| **ワイプ** | 次のページが覆い被さるように横から表示されます。 |

## 2 トランジションをカスタマイズする

トランジションの速度や方向は、プレゼンテーションのテンポやスタイルに合わせてカスタマイズできます。

### ●カスタマイズ項目

| | |
|---|---|
| 動作時間（秒） | 0～3秒の間で調整できます。 |
| 動作 | ソフト、シャープ、強くの3種類の設定ができます。 |
| 方向 | 上下左右の4種類の設定ができます。 |

トランジションを削除するには、画面下部からトランジションが設定されているページのサムネイルにマウスポインターを重ねます。ミートボールメニューが表示されるのでクリックし、**[トランジションを編集]**を選択します。画面左側に**[トランジション]**パネルが表示されるので**[なし]**をクリックします。

## Check

### ページを削除／複製する

画面下部のサムネイルにマウスポインターを重ねると、[…]（ミートボールメニュー）が表示されるので、クリックすると**[新規ページを挿入]**[**複製**][**削除**][**トランジションを編集**]が表示されます。

CHAPTER 07 / 3

# 文字にリンクを設定する

文字にリンクを設定すると、ウェブサイトや資料へアクセスできます。
プレゼンテーションでより深い情報を提供できます。

## 1 ページの文字にリンクを設定する

文字にリンクを設定するには、リンクを設定したい文字❶をドラッグして選択し、コンテキストツールバーから[リンク]❷をクリックします。

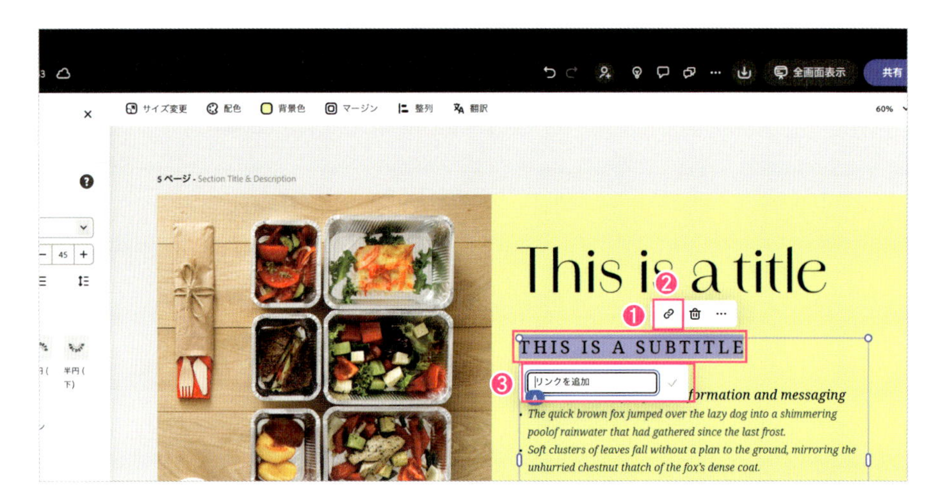


文字の下にURLの入力欄❸が表示されるので、URLを入力し❹、[チェック]❺をクリックします。

リンクが正しく設定されると、文字にアンダーラインが表示されます。

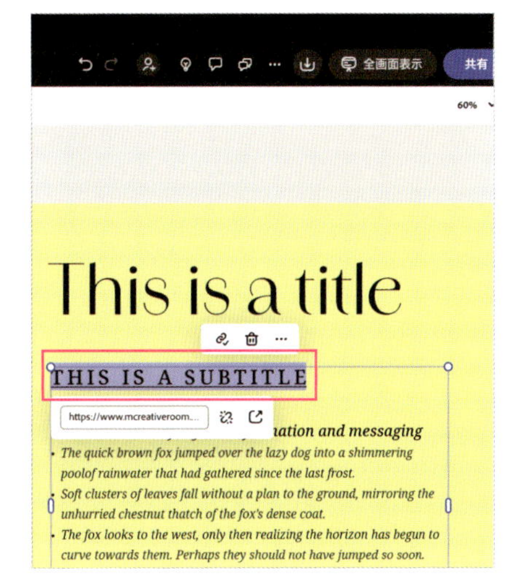


リンクを解除するには、リンクが設定されている文字を選択し、コンテキストツールバーから[**リンク**]をクリックします。表示されたURL入力欄の隣の[**リンクを削除**]をクリックします。

## 2 動作を確認する

画面上部の[**全画面表示**]❶をクリックし、[**最初のページから表示**]または[**現在のページから表示**]を選択すると、プレゼンテーションが画面いっぱいに表示されます。

リンクを設定した文字❷をクリックすると、ウインドウにリンク先のウェブサイトが表示されます。

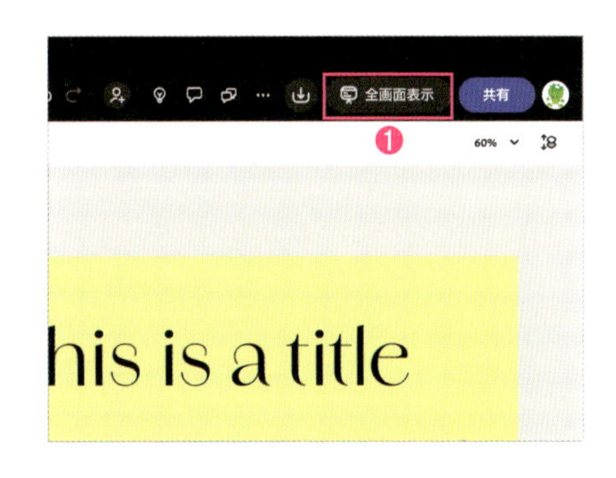

CHAPTER 07 / 4

# グラフを配置する

ページにグラフを配置すると、データが視覚化され、整理されてわかりやすくなります。説得力やプロフェッショナルな印象を高めることもできます。

## 1 ページにグラフを配置する

画面左側のメニューから［**デザイン素材**］❶をクリックし、［**グラフ**］タブ❷をクリックします。

任意のグラフ（ここでは［**進行状況ドーナツ**］）❸をクリックすると、ページにグラフが配置されます❹。

配置したグラフは、通常の素材と同様の手順で移動や拡大・縮小などができます。

Adobe Expressでは、次のグラフを挿入できます。

- 棒グラフ
- 円グラフ
- ドーナツチャート
- 進行状況バー
- 進行状況ドーナツ
- 進行状況ハーフドーナツ
- ゲージ

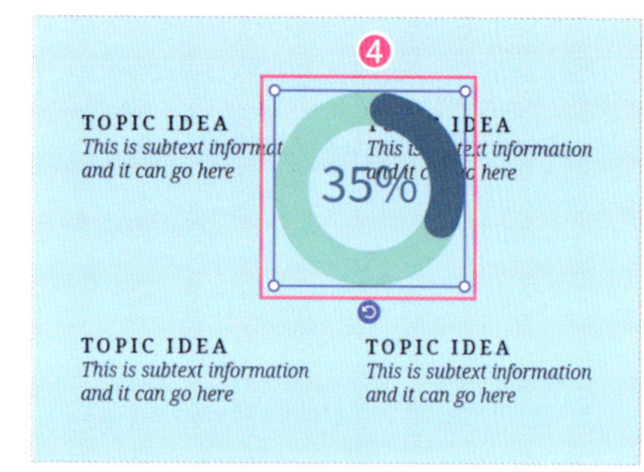

## 2 グラフを編集する

グラフは、グラフを選択すると表示されるパネル❶から編集できます。

### ●進行状況ドーナツの編集項目

| | |
|---|---|
| **グラフの種類** | グラフのバリエーションを変更できます。 |
| **フォント** | ラベルのフォントとカラーを変更できます。 |
| **塗り** | 塗りの色を変更できます。 |
| **値** | 値の色を変更できます。 |
| **値** | 数値を変更できます。 |
| **不透明度** | 不透明度を調整できます。 |
| **描画モード** | [通常]、[乗算]、[スクリーン]から選べます。 |
| **アニメーション** | アニメーションを設定できます。 |

[グラフの種類]にある❷をクリックすると表示されるメニューからは、次の項目を設定できます。

### ●その他の編集項目

| | |
|---|---|
| **ラベル** | オンにすると、ラベルが表示されます。 |
| **角丸** | オンにすると、線の端が丸くなります。 |
| **線幅** | 線の幅を変更できます。 |

CHAPTER 07 / 5

# BGMを挿入する

プレゼンテーションにBGMを加えると、雰囲気を向上させ、聴衆の集中力を維持して感情を引き出すことができます。

## 1 プレゼンテーションにBGMを挿入する

プレゼンテーションにBGMを挿入するには、まずBGMを追加したいページ❶を選択します。

次に、画面左側のメニューから[メディア]❷をクリックします。[オーディオ]タブ❸をクリックし、オーディオファイル❹をクリックすると、選択したページにBGMが追加されます。

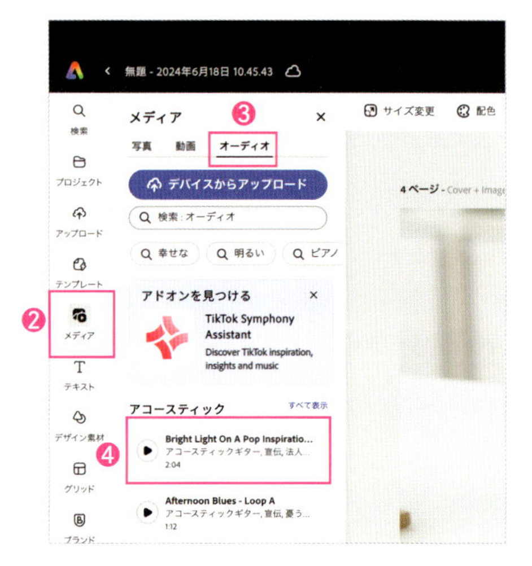


オーディファイルの[再生]▶をクリックすると、オーディオを視聴できます。

[ボリューム]❺のスライダーをドラッグして、環境に応じたボリュームに変更してください。

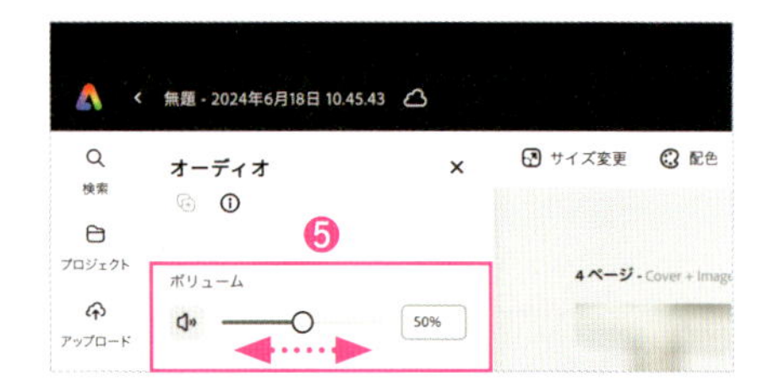

## 2 BGMの再生時間を調整する

BGMを挿入したページの[…](ミートボールメニュー)❶をクリックすると、[**オーディオを編集**]と[**タイムラインを編集**]が追加されています。

[**タイムラインを編集**]❷をクリックし、オーディオファイルのタイムライン❸をドラッグすると、再生する時間を調整できます。

BGMは閲覧者の関心を引くことができますが、多用するとプレゼンテーションの目的があいまいになってしまいます。使いすぎには注意しましょう。

### Check

### 文字のアニメーションを設定する

タイムラインの編集では、文字のアニメーションを設定することもできます。

文字を表示するタイミングなどを変更し、効果的なプレゼンテーションをデザインしましょう。

CHAPTER 07 / 6

# ページを翻訳する

翻訳機能を利用すると、プレゼンテーションを日本語以外の言語に翻訳できます。
文化的適応を実現することで、より多くの人々にプレゼンテーションを届けることができます。

## 1 プレゼンテーションを英語に翻訳する

画面上部のメニューから［翻訳］❶をクリックします。

画面左側のパネルから［翻訳先］をクリックし、目的の言語（ここでは［英語］）❷を選択してチェックをつけます。

複数の言語にチェックをつけることもできます。

［複製して翻訳］❸をクリックします。

元のページは残ったまま、翻訳されたページ❹が複製されました。

## 2 デザインを調整する

タイトルの大きさを調整して完成です。

CHAPTER 07 / 7

# 共同で編集する

Adobe Expressでは、複数のユーザーがリアルタイムにデザインを編集・共有できます。迅速かつスムーズなプロジェクト進行が可能となり、創造性と効率が大幅に向上します。

## 1 ファイルを共有する

ファイルを共有するには、画面上部のメニューから[招待]❶をクリックします。

[ファイルを共有]欄❷に相手のメールアドレスを入力すると、[ユーザーを招待]パネルに切り替わります。

[メッセージ(オプション)]❸にメッセージを入力し(省略可)、[編集に招待]❹をクリックします。

[ファイルを共有]には、Adobe Expressに登録されているアカウントのメールアドレスを入力してください。
相手のメールアドレスが不明な場合は、[リンクをコピー]をクリックします。共有用のURLがクリップボードにコピーされるので、メールやメッセージなどで通知します。相手は、受信したメールやメッセージに記載されたURLをクリックすると、作業に参加できます。

招待された相手（共有ユーザー）には、メッセージが届きます。メッセージ❺をクリックし、表示された通知に従うと、共同編集ができるようになります。

ユーザーを招待すると、プロジェクトの所有者には相手のアイコン❻が表示されます。アイコンをクリックすると、相手のアカウントが表示されます。

共同作業が開始されると、共有ユーザーの名前が表示されたカーソル❼が表示され、画面上部のメニューには共有ユーザーのアイコン❽が表示されます。

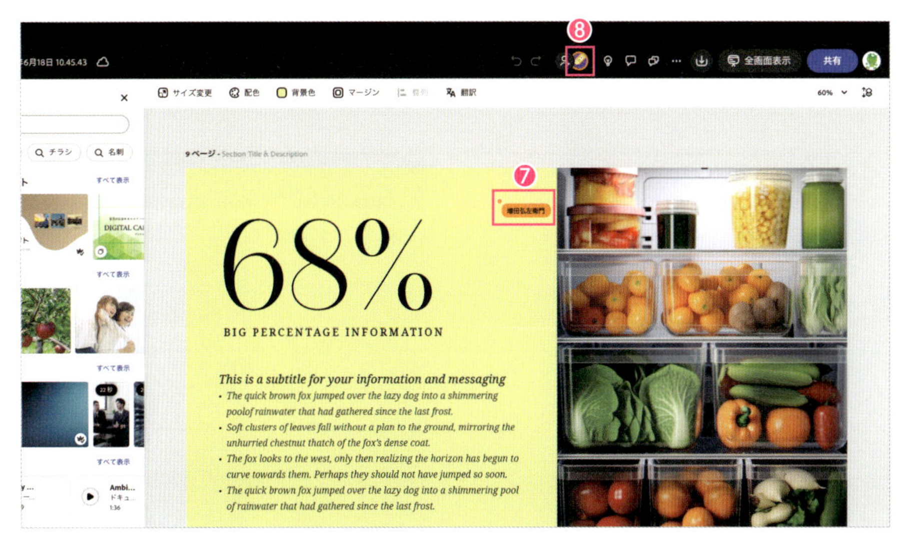

## 2 コメント機能を使う

コメント機能を使うと、共有ユーザーとリアルタイムにコミュニケーションを取りながら作業を進めることができます。

画面上部の[**コメント**]❶をクリックすると、[**コメント**]パネルが表示されます。

コメントを入力し、[**送信**]❷をクリックすると、コメントが送信されます。

コメント入力欄の[@]をクリックすると、共有ユーザーの一覧が表示されます。共有ユーザーを選択すると、特定のユーザーを指定してコメントを送信できます。

[**ピン留め**]❸をクリックし、コメントの該当箇所❹をクリックすると、ピン留めされます。

ほかのユーザーがピン留めされたコメント❺を選択すると、ピンの色が変わる❻ので、コメントの箇所を明確に伝えることができます。

コメントの内容を確認や修正したら、[解決]❼をクリックします。解決されたコメントは、非表示になります。

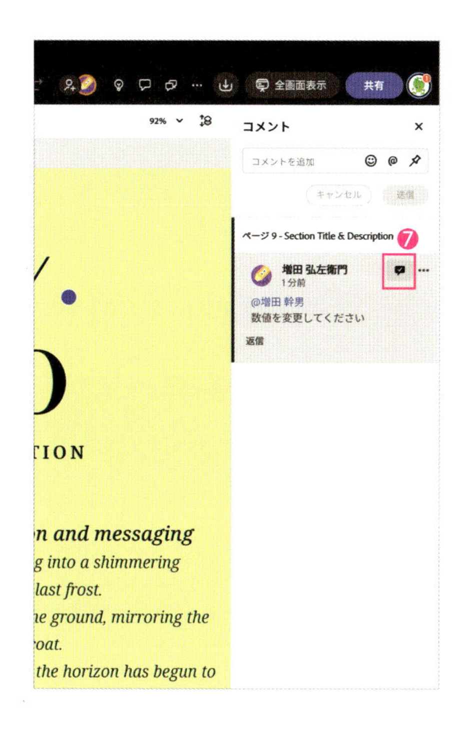

## Check

### コメントを削除する

コメントを削除するには、コメントの[…](ミートボールメニュー)❶をクリックし、[削除]❷をクリックします。

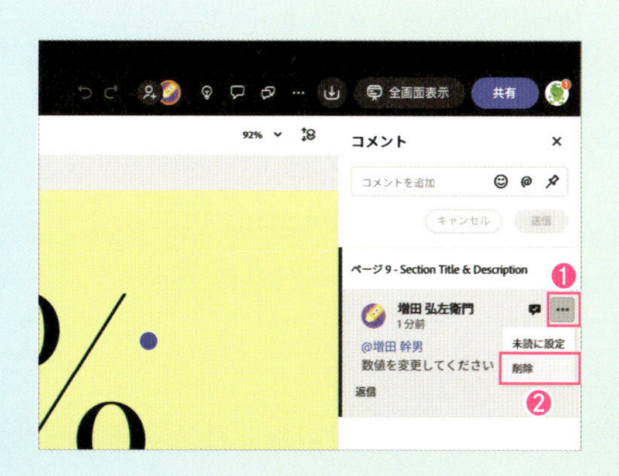

## 3 共有の権限を設定する

共有の権限には、次の2種類があります。共同ユーザーに応じて権限を設定します。

### ●共有の権限

| | |
|---|---|
| ［**編集可能**］ | 素材の配置や削除など、編集作業ができる。 |
| ［**コメント可能**］ | 編集作業はできない。コメントのやり取りのみ可能。 |

共有の権限を設定するには、プロジェクトを共有中に［**招待**］❶をクリックします。共有ユーザーが表示されるので、［**編集可能**］または［**コメント可能**］❷から選択します。

［**編集可能**］をクリックし、［**削除**］をクリックすると、共有ユーザーを削除できます。

## 4 共同作業を終了する

共有ユーザー（招待された側）が共同作業を終了するには、画面上部の［**招待**］❶をクリックし、自分のアカウント名から［**退出**］❷をクリックします。

**共有ユーザーのパソコン**

# 動くキャラクターを作る

CHAPTER 08 / 1

# キャラクターを選択する

Adobe Expressでは、録音した音声に合わせてキャラクターが動くアニメーションを作成できます。まずはキャラクターを選択しましょう。

## 1 アニメーションのキャラクターを選択する

ホーム画面の[おすすめのクイックアクション]❶にある[すべてを表示]❷をクリックします。

[すべてのクイックアクション]画面が表示されるので、[音声でキャラクターを動かす]❸をクリックします。

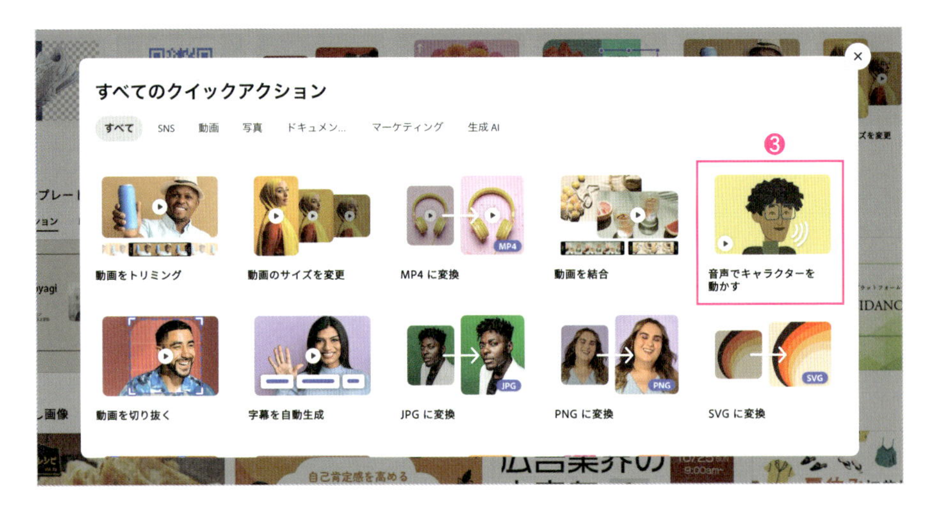

[音声でキャラクターを動かす]画面が表示されるので、[キャラクター]タブ❹から使いたいキャラクター(ここでは[ジェンマ])❺をクリックします。

## 2 背景とサイズを選択する

[背景]タブ❶をクリックし、背景画像❷を選択します。

[サイズ]タブ❸をクリックし、[サイズ変更]❹からメディアの種類を選択して、サイズを選択します。

ここではInstagramの正方形(1080×1080)を選択しました。

CHAPTER 08 / 2

# 音声を録音する

キャラクターを選択したら、音声を録音しましょう。
録音した音声をもとに、口や手足が動くアニメーションが作成されます。

## 1 音声を録音してアニメーションを作成する

[録音]❶をクリックすると、カウントダウンが始まります。録音の上限時間は2分間です。焦らず落ち着いて録音しましょう。

[参照]❷をクリックすると、パソコンに保存されている音声ファイルをアップロードできます(「8-3 音声をアップロードする」参照)。

録音が終了したら[完了]❸をクリックします。

[一時停止]❹をクリックすると、録音が一時停止します。[一時停止]が[再開]に変わるので、クリックすると録音が再開されます。

[完了]をクリックすると、アニメーションが作成されます。

完成までにかかる時間は、パソコンの性能やインターネットの環境によって異なります。

## 2 アニメーションを確認する

アニメーションが完成すると、プレビューが表示されます。プレビュー❶をクリックすると、アニメーションが再生されます。

[戻る]❷をクリックすると、録音をやり直すことができます。[ダウンロード]❸をクリックすると、MP4形式でファイルがダウンロードされます。[エディターで開く]❹をクリックすると、新規ファイルとして編集できます。

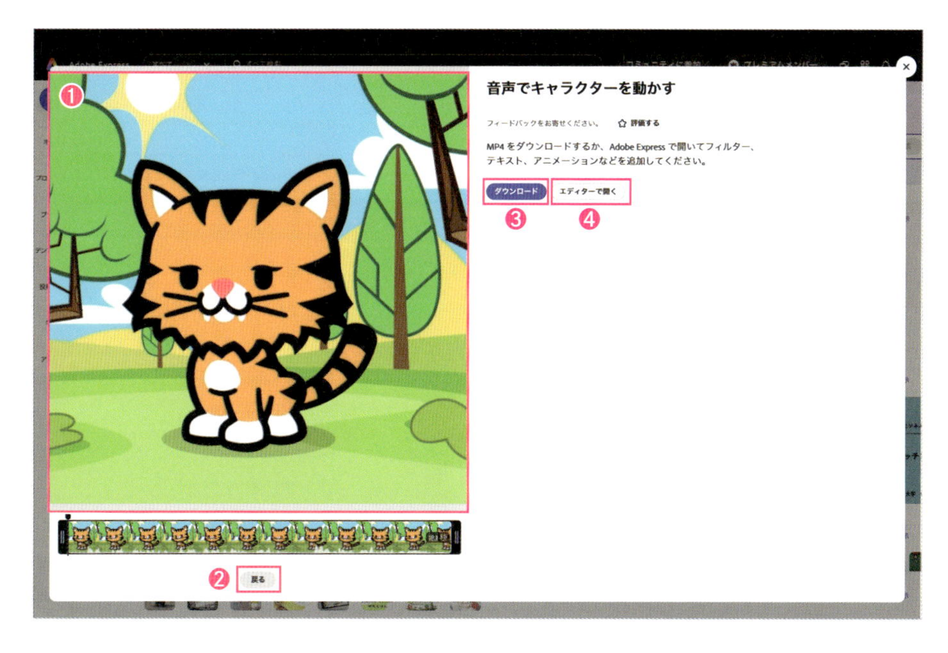

CHAPTER 08 / 3

# 音声をアップロードする

前節「8-2」では音声を録音しましたが、音声データをアップロードすることもできます。このとき、文章を音声に変換するサービスを利用すると効率的です。

## 1 テキストデータから音声データを作成する

音声でキャラクターを動かす場合、音声を録音する以外にも、アップロードした音声データを利用することもできます。

音声読み上げソフト「音読さん」を利用すると、文章を音声データに変換できるので便利です。無料で5,000文字までの文章を音声データに変換できます。商用利用も可能です。

「音読さん」のウェブサイト(**https://ondoku3.com/**)にアクセスします。

テキストボックスに文章を入力し、**[言語]**や**[音声]**などを指定します❶。

**[読み上げ]**❷をクリックし、音声を確認します。

**[ダウンロード]**❸をクリックすると、MP3形式のデータがパソコンにダウンロードされます。

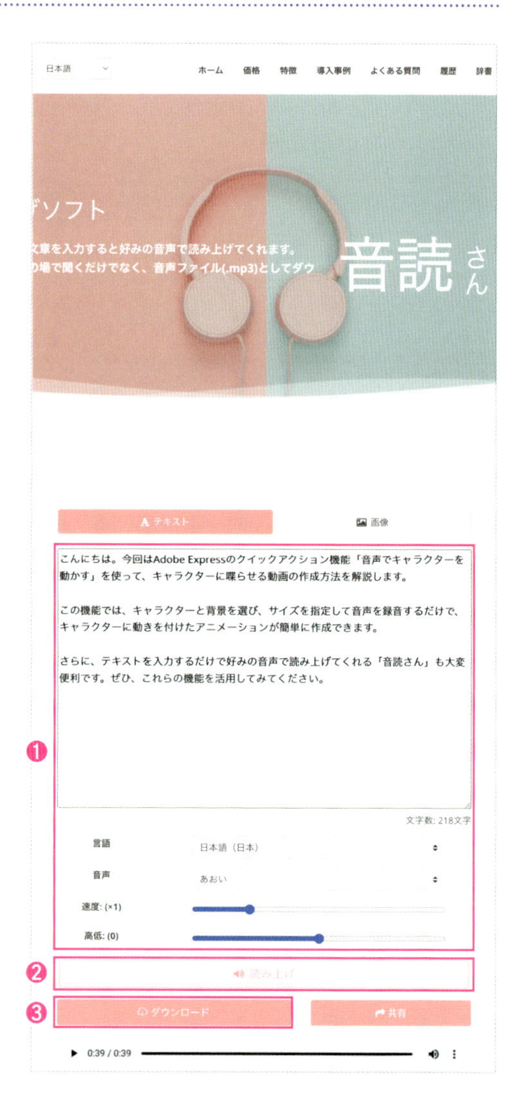

## 2 音声データをアップロードしてアニメーションを作成する

「8-1 キャラクターを選択する」の手順でキャラクター❶を選択します。

ここでは、[**キャラクター**]から[**キノコのラブ**]、[**背景**]から[**透明**]を選択しています。

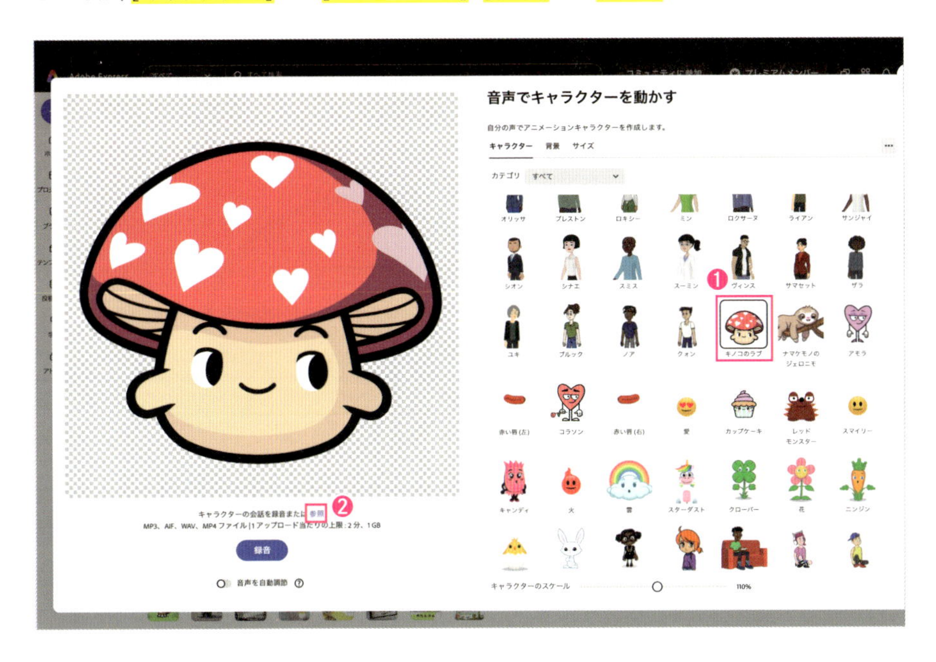


[**参照**]❷をクリックすると、データを選択する画面が表示されます。左ページの手順で作成したデータを選択し、アップロードします。

データをアップロードすると、アニメーションが作成されます。なお、背景が透明の場合、ダウンロードできないので、[**エディターで開く**]❸をクリックします。

## 3 アニメーションを編集する

**[音声でキャラクターを動かす]**で作成されたアニメーションは、編集できます。

デザイン素材や動画などと組み合わせ、より魅力的なアニメーションを作成しましょう。

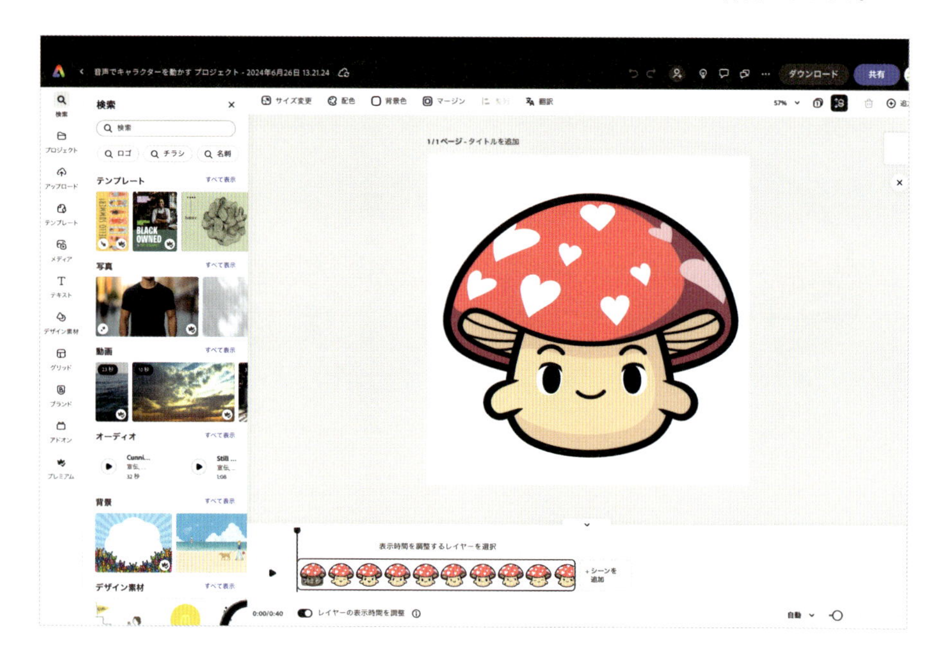


背景を配置して動画を追加し、テキストにアニメーション効果を設定しました。

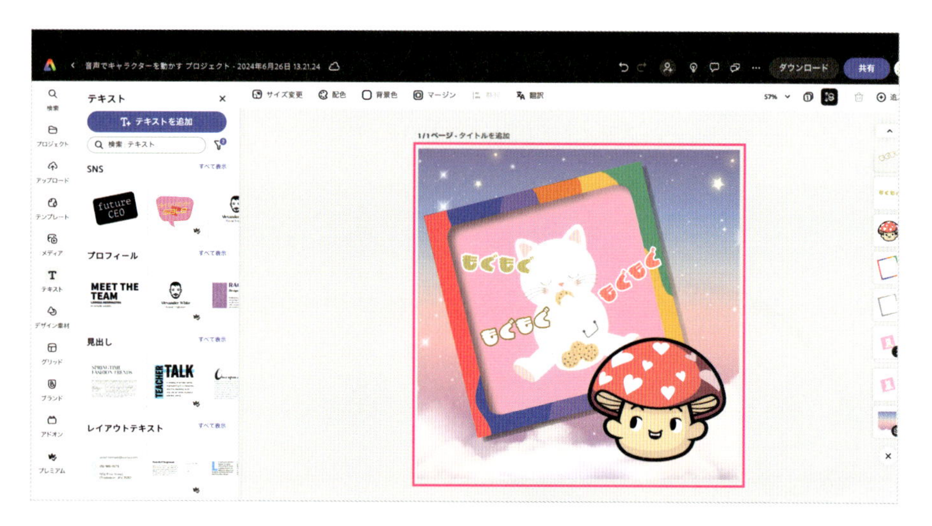

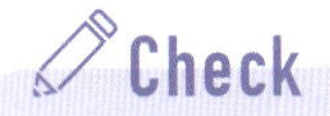


## Webサイトを作成する

Adobe Expressでは、ウェブサイトを作成することもできます。

ショップサイトのような高度なウェブサイトは作成できませんが、写真や動画を掲載することはできます。レスポンシブ対応のウェブサイトも作成できます。シンプルなポートフォリオサイトなどに適しています。

ウェブサイトを作成するには、ホーム画面のコンテンツから[**マーケティング**]をクリックします。

[**ブログとwebサイト**]タブ❶をクリックし、[**Webページ**]❷をクリックします。

[+]❸をクリックして、写真や文章、動画などを配置します。

画面上部の[**共有**]❹をクリックし、[**Webに公開**]❺をクリックすると、公開されます。

URLは自動的に設定されます。[**公開済みリンクを共有**]の[**コピー**]❻をクリックすると、URLがコピーされます。ウェブブラウザーで確認してください。

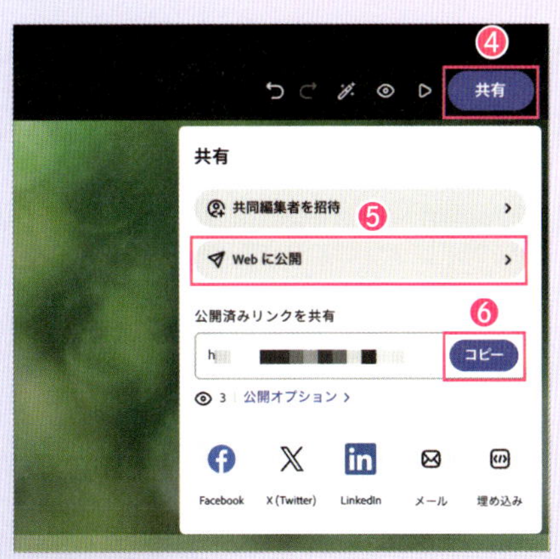

## Check
## スマホでAdobe Expressを利用する

Adobe Expressには、スマートフォン版もあります。スマートフォン版は、スマートフォンならではの持ち運びの便利さで、写真や動画、グラフィックもデザインを、いつでもどこでも手軽に楽しむことができます。

また、ウェブブラウザー版と連携しているので、クラウドを通じてデザインプロジェクトを同期できる点も魅力的です。

iPhone版　Android版

# 生成AIを使いこなす

CHAPTER 09 / 1

# Adobe Fireflyにログインする

Adobe Firefly(アドビ ファイアフライ)は、Adobeが提供する生成AIツールです。
Adobe Expressで登録したアカウントでログインし、使ってみましょう。

## 1 Adobe Fireflyとは

**Adobe Firefly**は、AI技術を利用したクリエイティブツールです。デザインの初期段階でのアイデア出しから、「テキストからの画像生成」、「生成塗りつぶしによる画像のカスタマイズ」など、さまざまなクリエイティブプロセスをサポートします。

ウェブブラウザー上で動作するため、パソコンに専用のアプリケーションをインストールする必要はありません。

一般的に、生成AIで作成した画像は、学習ソースが不透明なため著作権侵害に抵触する可能性があります。しかしAdobe Fireflyは、Adobe Stockやパブリックドメインのコンテンツを使用しているため、安心して利用できます。商用利用も可能です。

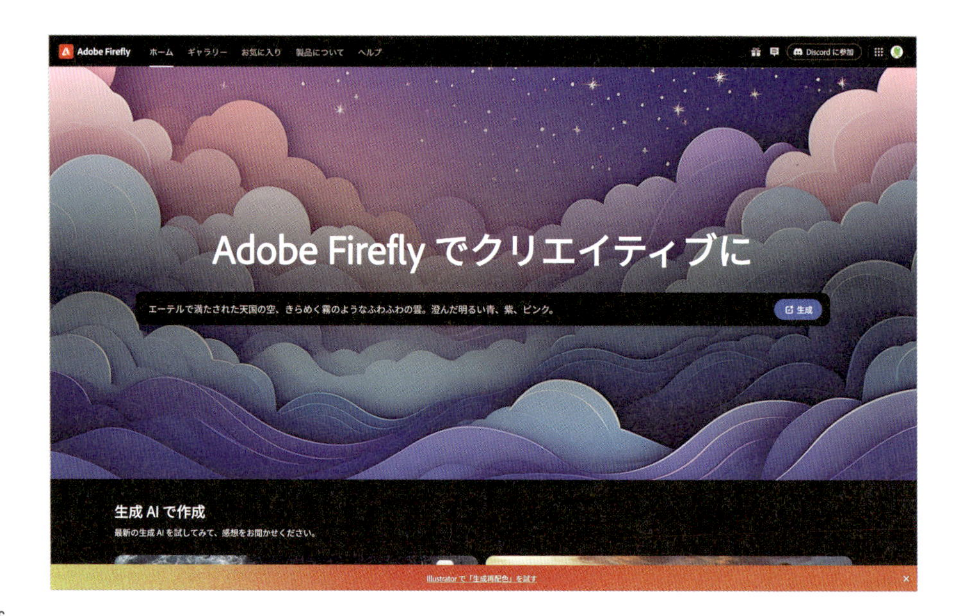

## 2 Adobe Fireflyにログインする

Adobe Fireflyを利用するには、Adobe Expressで登録したアカウントでログインする必要があります。

Adobe Fireflyのウェブサイトにアクセスし、画面上部のメニューから[ログイン]❶をクリックします。

ログイン画面が表示されるので、Adobe Expressで使用したアカウント❷を使用してログインします。

生成AIの使用についての案内が表示されるので、[同意する]をクリックすると、Adobe Fireflyにログインします。

Adobe Firefly(https://firefly.adobe.com/)

### Adobe Expressで使用できる生成AI

| | |
|---|---|
| テキストから画像生成 | イメージを文章でAIに指示し、画像を生成します。 |
| 生成塗りつぶし | 削除、または追加したい内容を文章でAIに指示します。 |
| テキストからテンプレート生成 | イメージを文章でAIに指示し、テンプレートを生成します。 |
| テキスト効果 | イメージを文章でAIに指示し、文字をデザインします。 |

CHAPTER 09 / 2

# AIを利用して画像を生成する

Adobe Express上でもAdobe Fireflyの生成AIエンジンを利用して画像を生成できます。欲しい画像が見つからない場合は、生成AIを使って自分で作成するというのも手です。

## 1 Adobe Expressで画像を生成する

Adobe Expressを起動します。ホーム画面から[生成AI]❶をクリックし、[テキストから画像生成]❷にイメージする画像の詳細を入力します。ここでは、以下の文章(プロンプト)を入力しました。

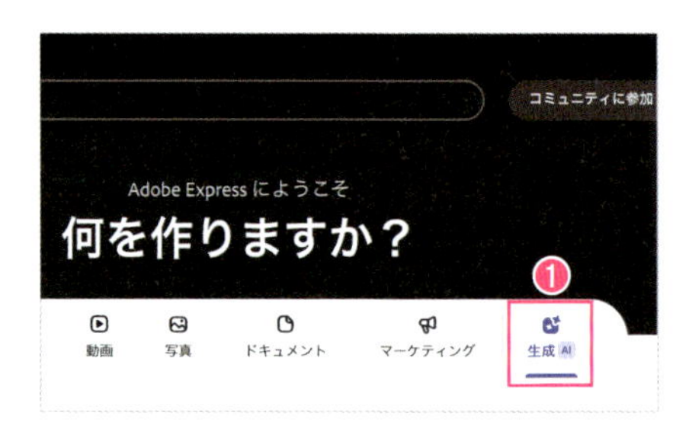


雪が積もった風景の中で、可愛いウサギがスノーマンを作っている。ウサギは小さなマフラーと帽子をかぶり、ぬいぐるみのような容姿で楽しそう。スノーマンは丸い雪玉でできており、鼻は人参、目は石でできていて、小さな帽子をかぶっている。背景には雪に覆われた木々やレンガの家が見える。

AIに対して行う指示や質問文のことを「プロンプト」といいます。

[生成]❸をクリックすると、[結果]❹に4種類の画像が生成されます。この中からイメージに合う画像を選択します。

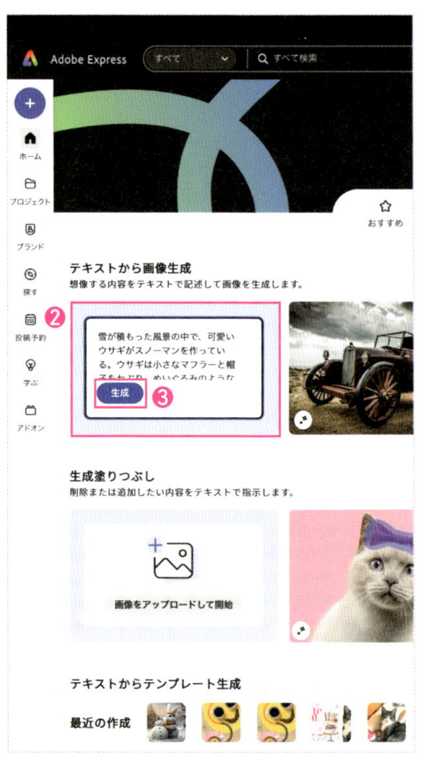


[結果]の[さらに読み込む]をクリックすると、新たに4種類の画像が生成されます。ただし、4つの生成クレジット(210ページ参照)が必要なので注意が必要です。

画面左側のパネルにある[**コンテンツタイプ**]❺からは、4種類のコンテンツタイプを選択できます。

**コンテンツタイプ「自動」**

**コンテンツタイプ「写真」**

**コンテンツタイプ「グラフィック」**

**コンテンツタイプ「アート」**

## 2 参照画像を使ってAIの画像を修正する

プロンプトから生成された画像がイメージと異なる場合、右ページ図の［参照画像］❶を利用すると、よりイメージに近い画像を生成できる可能性があります。

［参照画像］の［スタイル］❷に画像をアップロードすると、アップロードした画像と同様のルックアンドフィールになります。

［参照画像］の［構成］❸に画像をアップロードすると、アップロードした画像と似たような配置になります。

スタイル参照にアップロードした画像

構成参照にアップロードした画像

Check

### 生成クレジットとは

「生成クレジット」とは、生成AIの利用に必要な通貨のようなものです。生成クレジットは月ごとに割り当てられ、割り当てられるクレジット数はプランによって異なります。

● 月ごとに割り当てられる生成クレジット数　※2024年7月時点

|  |  |
|---|---|
| Adobe Express プレミアムプラン | 250 |
| Adobe Firefly プレミアムプラン | 100 |
| Adobe IDをお持ちの無料ユーザー<br>（Adobe Express、Adobe Firefly、Creative Cloud） | 25 |

※Creative Cloud コンプリートプランに加入すると、月間1,000の生成クレジットを使用できます。

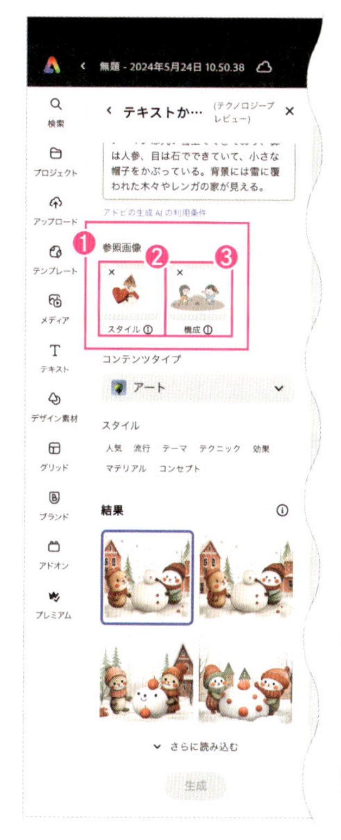

足りないものや不要なものがある場合、**[生成塗りつぶし]**を活用することでさらにイメージに近い画像を生成できます。

CHAPTER 09 / 3

# 生成塗りつぶしを利用する

生成塗りつぶしを利用すると、ページの一部に画像を生成できます。
活用して、自由自在にイメージ画像を作成しましょう。

## 1 ページの一部に画像を生成する

[テキストから画像生成]機能を使い、画像を生成しています。

生成された画像に[生成塗りつぶし]機能を利用すると、さらにイメージに近づけることができます。

生成された画像❶を選択し、画面左側のパネルから[生成塗りつぶし]❷をクリックします。

[想像するものをカタチにしましょう]❸にイメージのプロンプト(ここでは「水彩画タッチのウサギ」)を入力します。

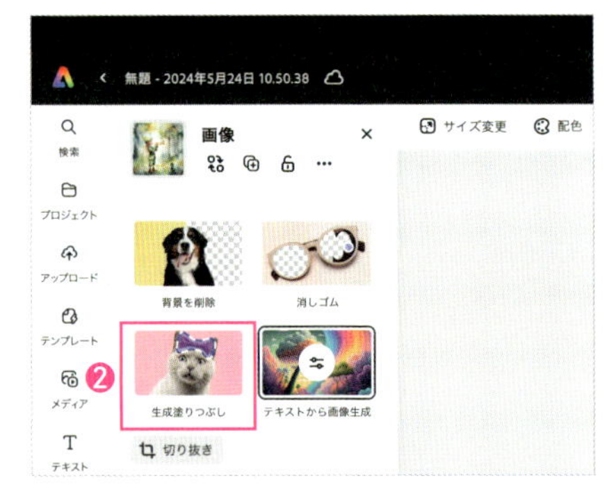

［ブラシサイズ］❹を調節し、画像を生成したい部分をブラシで塗りつぶします❺。

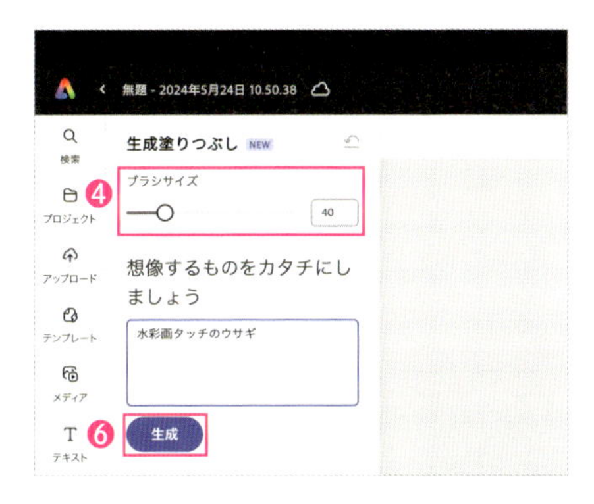

［生成］❻をクリックします。

生成が終わると、3種類の画像❼が生成されます。

イメージに合うものをクリックすると、画像が生成されます。

［さらに生成］❽をクリックして新たに画像を生成することもできます。

次に、画面上部にアゲハ蝶を生成したいので、ブラシで画像を生成したい部分❽を塗りつぶします。

[**想像するものをカタチにしましょう**]❾に「水彩画タッチのアゲハ蝶」と入力し、[**生成**]❿をクリックします。

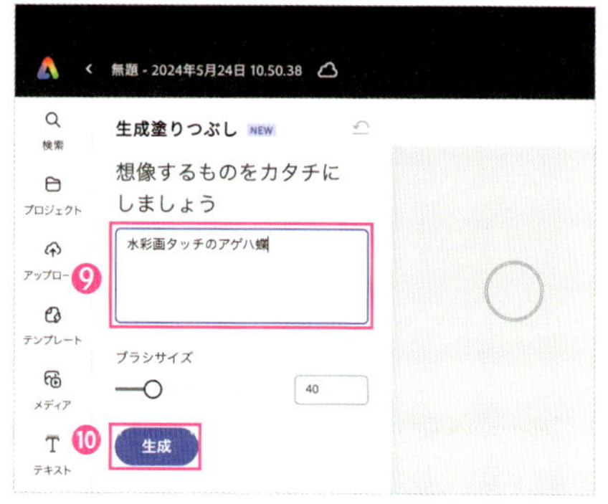


3種類の画像が生成されるので、イメージに合うものをクリックします。

## 2 画像を仕上げる

最後に、文字やデザイン素材を追加して仕上げます。

文字にはシャドウを設定し、デザイン素材にはオーバーレイのライト(ボケと光線を使用)を配置しました。

これで完成です。

CHAPTER 09 / 4

# AIを利用してタイトルを作成する

Adobe Expressの生成AIを活用すると、
文字にさまざまな効果をすぐに適用できます。

## 1 テキスト効果で文字を作成する

ホーム画面の[テキスト効果]❶にプロンプト(ここでは「薄いオレンジ色の猫の毛」)を入力して、[生成]❷をクリックします。

画面左側のパネルに表示される[結果]❸から、イメージに近い文字をクリックすると、文字が生成されます❹。

目的の文字に書き換えます❺。

生成後、プロンプトを変更したり、[結果]を選択し直したりして、イメージに近づけることができます。

## 2 文字にテキスト効果を設定する

左ページでは、テキスト効果が設定されている文字を作成してから目的の文字に書き換えました。文字を入力してからテキスト効果を設定することもできます。

ページに配置した文字を選択し、画面左側のパネルから[テキスト効果]❶をクリックします。

[どのような感じにしたいですか?]❷にプロンプト(ここでは「ピンク色の鳥の羽」)を入力します。

[結果]❸から、イメージに近い文字をクリックすると、文字が生成されます。

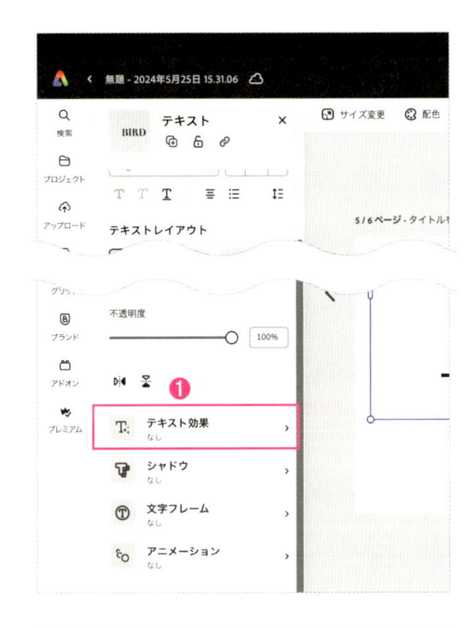

## 3 テキスト効果をカスタマイズする

テキスト効果が設定されている文字は、通常の文字と同様、カスタマイズできます。

フォントを変更するには、ページに配置した文字を選択し、画面左側のパネルから［テキスト効果］をクリックします。

［フォント］❶をクリックすると表示される一覧からフォントを選択できます。選択できるフォントは12種類ですが、あとから編集画面でほかのフォントに変更できます。

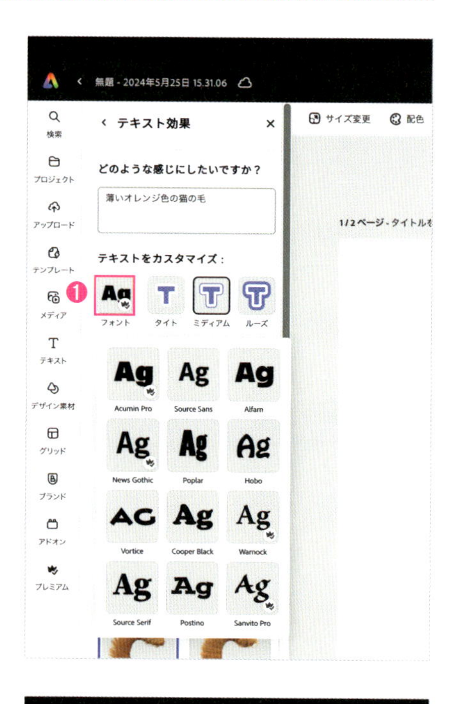


テキスト効果の色を変更するには、［テキスト効果］パネルの［色合い］❷をクリックし、目的の色を選択します。

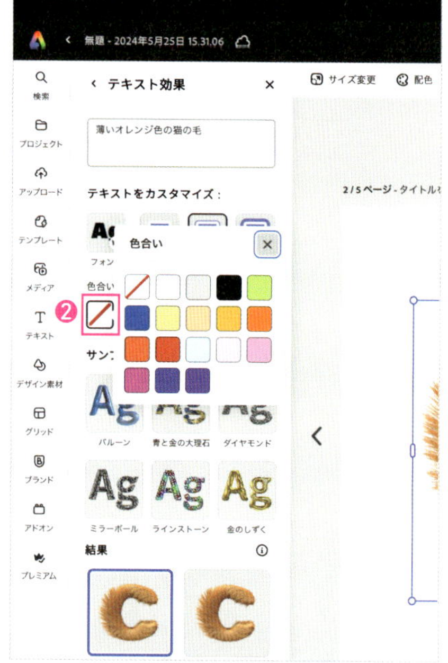

複数の書式の組み合わせを[**スタイル**]といいます。[**テキスト効果**]パネルの[**スタイル**]❸からは、スタイルを変更できます。

Adobe Expressでは、たくさんの[**サンプル効果**]❹が用意されています。プロンプトに慣れない方やアイデアを探している方に便利です。

現実的

ネオン

装飾的

カラーペン

鉛筆画

CHAPTER 09 / 5

# AIを利用してテンプレートを作成する

生成AIは、画像だけでなく、テンプレートを生成することもできます。膨大な数のテンプレートの中からイメージに合ったものを探す手間を省くことができるので便利です。

## 1 インスタグラム用のテンプレートを生成する

ここでは、次のプロンプトを使用します。

2024年7月現在、[**テキストからテンプレート生成**]機能は英語のみに対応しています。しかし、ウェブ上での翻訳サービスやChatGPTなどを利用して英文を作成できるため、大きな不便は感じないでしょう。

英語

Generate an Instagram template for a bakery specializing in delicious muffins. The template should have a fresh and vibrant look. Incorporate elements that highlight the bakery's signature muffins, such as images of beautifully baked muffins, light pastel colors, and a clean, modern design. Include space for text overlays to promote new flavors or special offers. The overall feel should be inviting and cheerful, appealing to customers who appreciate quality baked goods.

日本語

美味しいマフィンが特徴のベーカリーのインスタグラムテンプレートを生成してください。テンプレートは爽やかで活気のある印象にしてください。ベーカリーの看板商品であるマフィンを強調する要素(美しく焼き上げられたマフィンの画像、淡いパステルカラー、シンプルでモダンなデザインなど)を取り入れてください。新しいフレーバーや特別なオファーを宣伝するためのテキストオーバーレイ用のスペースも含めてください。全体の雰囲気は、質の高い焼き菓子を楽しむお客様にとって魅力的で、明るく、心地よいものにしてください。

ホーム画面の[生成AI]をクリックし、[テキストからテンプレート生成]❶にプロンプトを入力して、[生成]❷をクリックします。

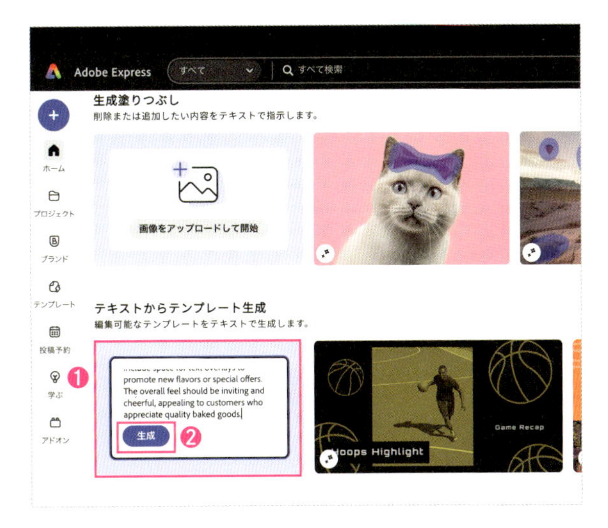


4種類のテンプレートが生成されました。この中からテンプレートを選択するか、[その他の結果を生成]❸をクリックします。

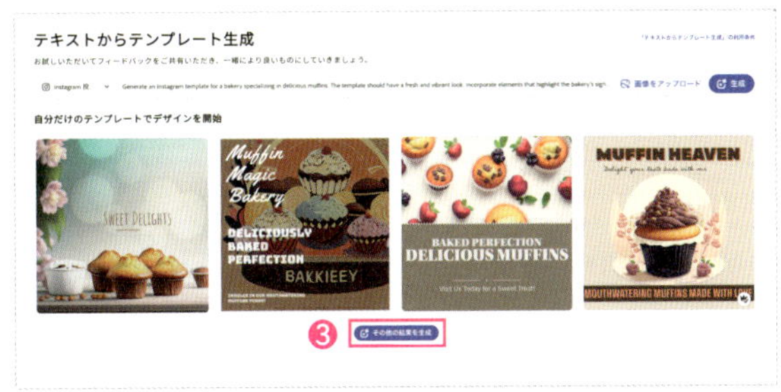


[その他の結果を生成]をクリックすると、さらに4種類のテンプレートが生成されました。

テンプレートにマウスポインターを重ね、[バリエーションを見る]❹をクリックします。

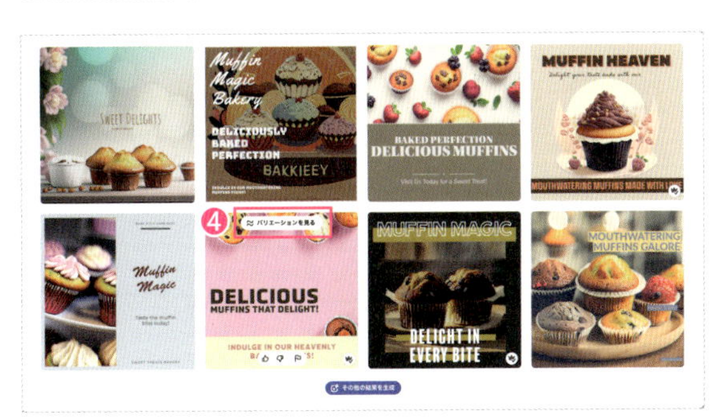


4種類のバリエーションが生成されました。イメージに合うテンプレート(ここでは右端のテンプレート)❺をクリックすると、編集画面に切り替わります。

## 2 テンプレートを編集する

生成されたテンプレートをクリックし、編集画面に切り替わりました。

ここからは、通常のテンプレートと同様の手順で文字の変更や素材の追加を行い、仕上げていきます。

### Check

### ChatGPTと連携する

「ChatGPT」は、AIと文章で対話することで、情報収集や画像の生成ができるサービスです。

Adobe Expressは、ChatGPTと連携できます。AIと連携することで、より手軽にコンテンツを作成できます。

なお、Adobe ExpressGPTを使用するには有料版のChatGPTが必要です。有料版のChatGPTのGPTsからAdobe ExpressGPTが利用可能になります。

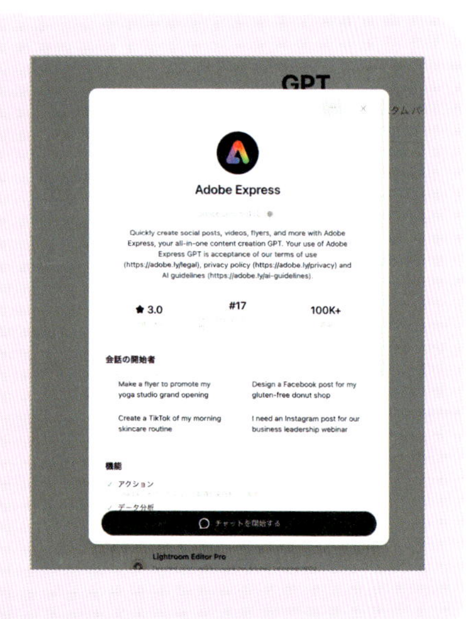

# アドオンを追加して便利に使う

アドオン「Attention Insight」

CHAPTER 10/1

# ヒートマップを確認する

Adobe Expressでは、多彩なアドオンを利用できます。ここでは、アドオン「Attention Insight」を使って、ページにおけるユーザーの行動や反応を解析します。

## 1 「Attention Insight」をインストールする

「アドオン」とは、ソフトウェアの機能の拡張や追加を行うプログラムやモジュールのことです。

アドオンを利用するには、アドオンをインストールする必要があります。

アドオン「Attention Insight」をインストールします。

ホーム画面左側のメニューから[アドオン]❶をクリックします。

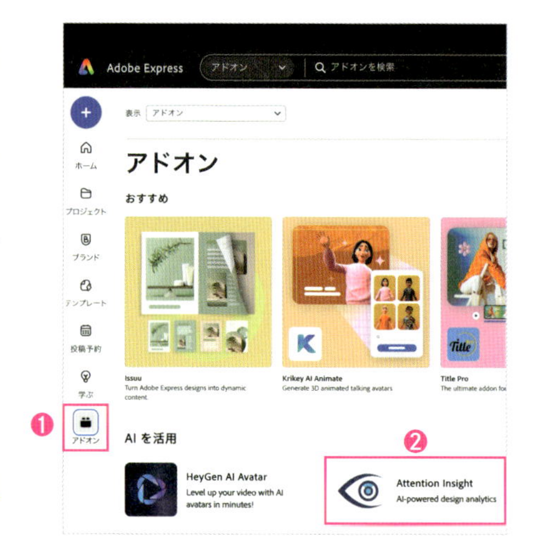


[アドオン]画面が表示されるので、[Attention Insight]❷を探してクリックします。

「Attention Insight」の詳細が表示されるので、[追加]❸をクリックするとインストールされます。

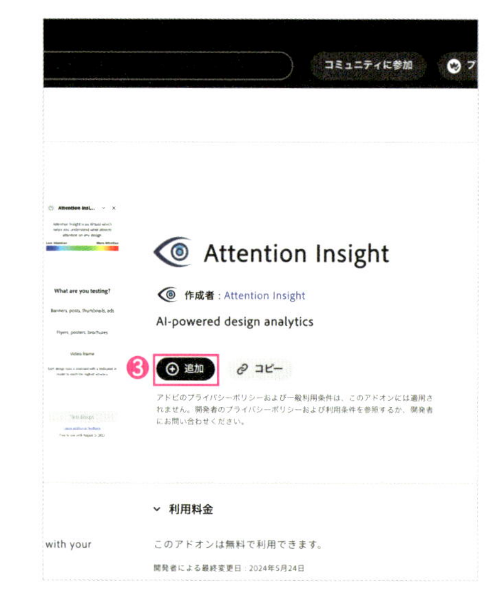


インストールしたアドオンは、いつでも削除できます(236ページ参照)。

## 2 「Attention Insigh」を使用してヒートマップを確認する

解析したいファイル❶を開きます。

画面左側のメニューから[アドオン]❷をクリックし、[アドオン]タブ❸をクリックすると、インストールされているアドオンが表示されるので、[Attention Insight]❹をクリックします。画面右側のパネルからコンテンツの種類(ここでは[Banners, posts,thumbnails, ads])❺を選択します。

[Test design]❻をクリックすると、ヒートマップ(ページのユーザーの行動や反応を解析した画像)❼が作成されます。

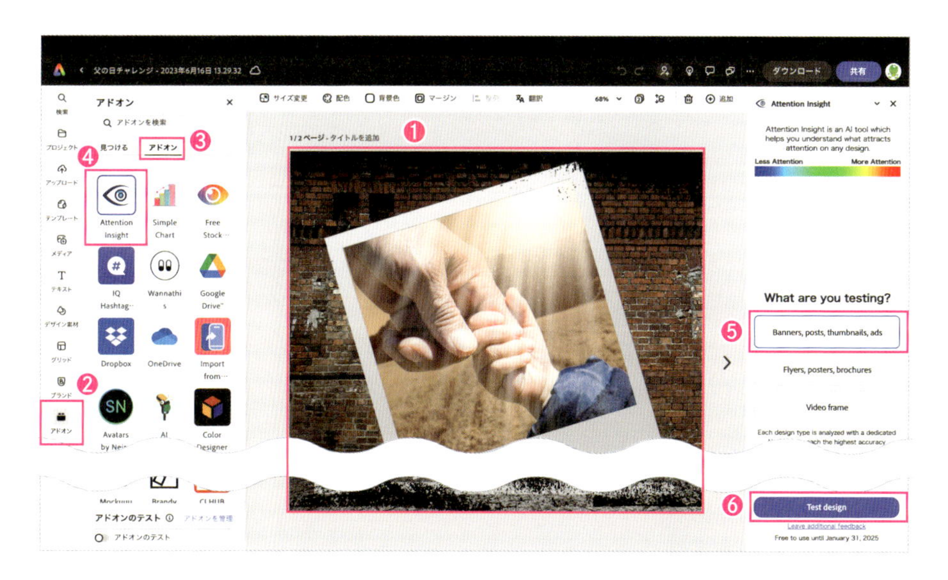


注目度の高い部分は赤色に、低い部分は青色で表示されます。

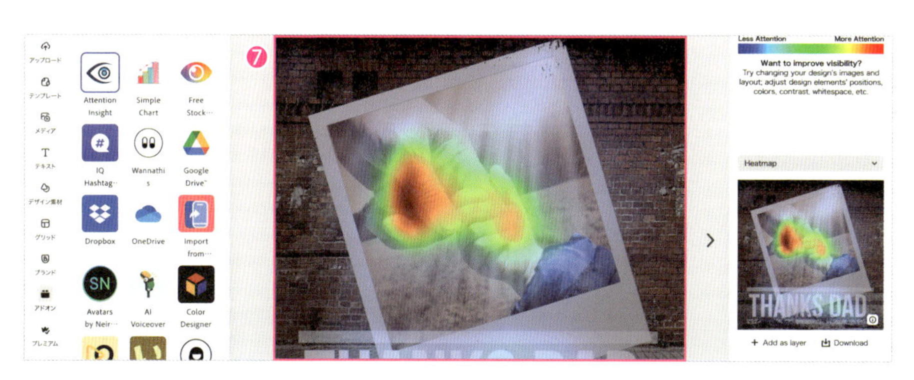

## 3 ヒートマップ以外の解析方法

「Attention Insight」では、ヒートマップのほかに次の解析ができます。

フォーカスマップ

[Focus Map]は、ページの閲覧者が最初の4秒で注目する部分が明るく表示されます。

閲覧者が最初の数秒で気づかない部分は、暗く表示されます。

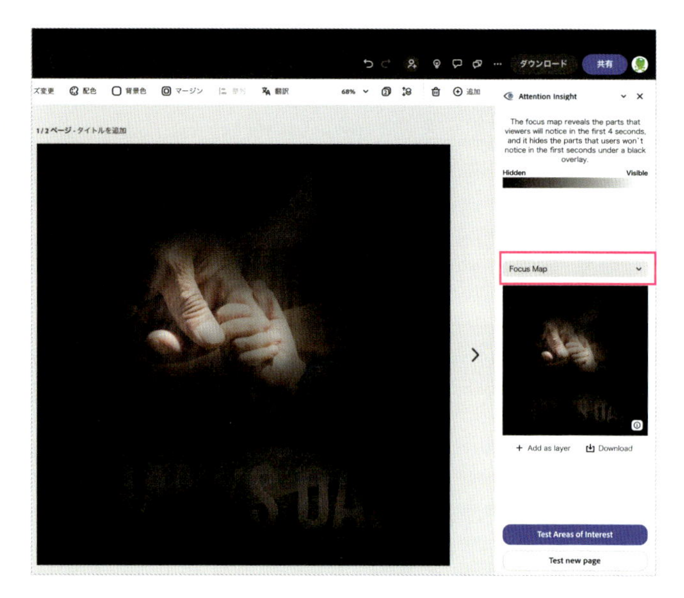


Check

### 「Attention Insight」の効果

「Attention Insight」を使用すると、次の効果を期待できます。

**・視覚的インパクトの向上**
ユーザーの視線が集中する部分を可視化します。
➡重要な情報を効果的に配置

**・ユーザーエクスペリエンスの最適化**
ユーザーの注目点を理解することで、ナビゲーションがスムーズになり、直感的で使いやすいデザインを作成できます。
➡ユーザーエンゲージメントが向上

**・デザインの効率化**
デザインの効果を事前に評価し、必要な修正を早期に行うことができます。
➡試行錯誤の時間を削減し、効率的にデザインを作成

コントラストマップ

[Contrast Map]では、画像内の色が周囲の色とどの程度コントラストがあるかを数値で表示されます。

ウェブページのアクセシビリティに関するガイドライン「WCAG2.2AA」では、文字には少なくとも7.5：1のコントラスト、文字以外の要素には3：1のコントラストが必要とされています。

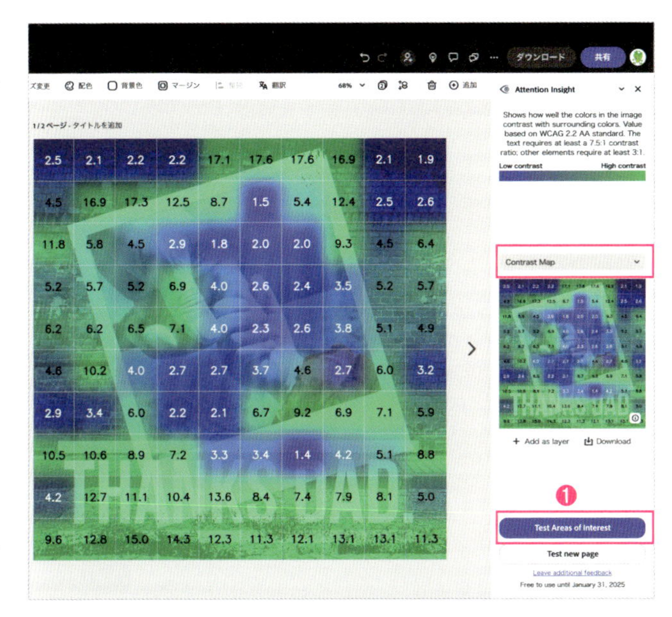


[Test Areas of Interest]❶をクリックすると、注目度が解析されます。

解析したい部分をドラッグ❷すると、入力欄❸が表示されます。入力欄に解析したい種類（Logo、imageなど）を入力し、[Add]❹をクリックすると注目度が％表示されます。

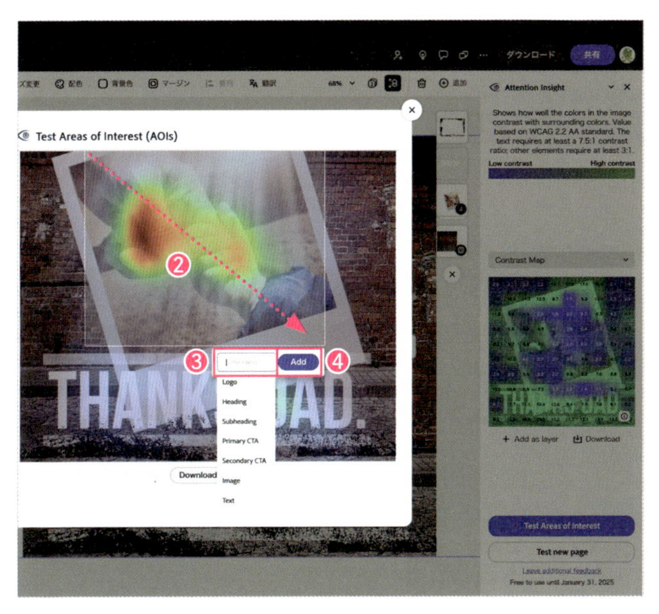

CHAPTER 10/2

アドオン「Import from device」

# スマホから画像を取り込む

アドオン「Import from device」を利用すると、QRコードをスキャンして、スマートフォンやタブレットから画像を取り込むことができます。

## 1 「Import from device」をインストールする

アドオン「Import from device」をインストールします。

ホーム画面左側のメニューから［アドオン］❶をクリックします。

［アドオン］画面が表示されるので、［Import from device］❷を探してクリックします。

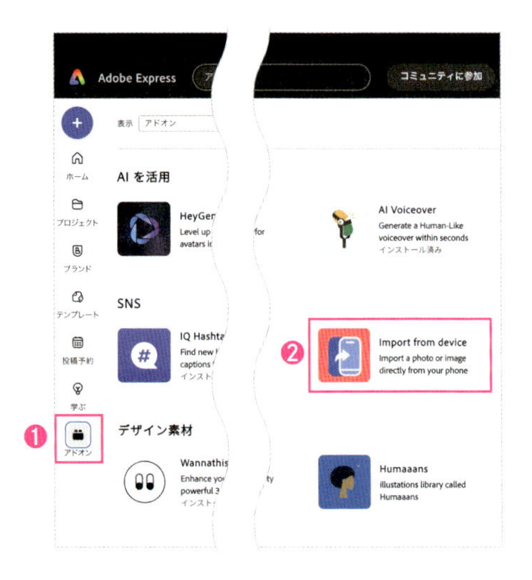


「Import from device」の詳細が表示されるので、［追加］❸をクリックするとインストールされます。

## 2 スマートフォンから画像を取り込む

テンプレートまたはファイルを開きます。

画面左側のメニューから[アドオン]❶をクリックし、[アドオン]タブ❷をクリックすると、インストールされているアドオンが表示されるので、[Import from device]❸をクリックします。

画面右側のパネルにQRコード❹が表示されるので、スマートフォンで読み取ります。

QRコードを読み取ると、スマートフォンの画面に「Import from device」の画面が表示されます。

[Select Image]❺をタップすると、メニューが表示されるので、操作を選択します。スマートフォン内の画像を選択する場合は、[写真ライブラリ]❻をタップします。

スマートフォン内の画像を選択し、[**完了**]❼をクリックします。

「Import from device」の画面に戻るので、[**Upload**]❽をタップします。

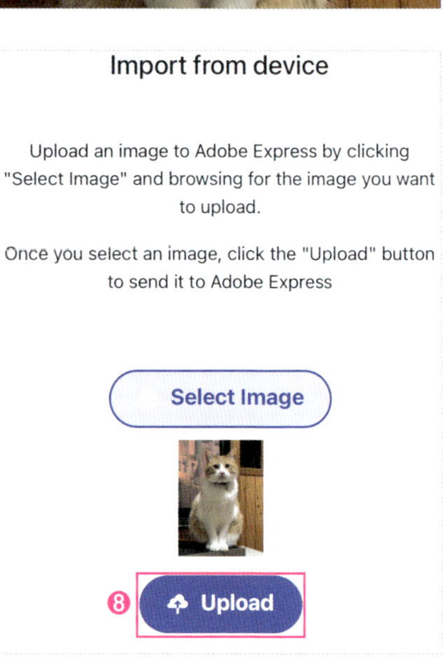


アップロードが完了すると、「Upload Successful」❾と表示されます。これでスマートフォンの操作は完了です。

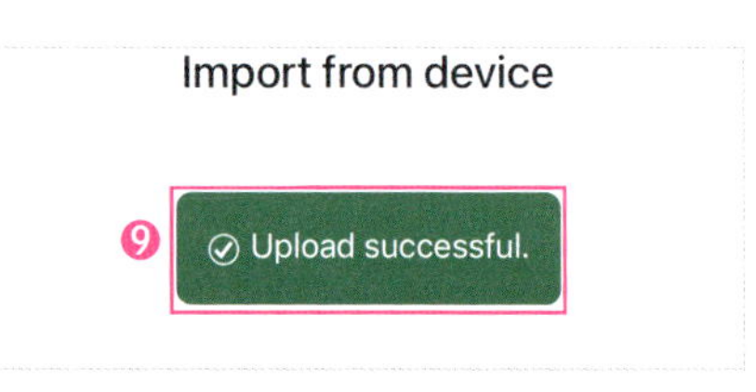

Adobe Expressの画面にスマートフォンからアップロードした画像⑩が表示されます。

[Add to Page]⑪をクリックすると、ページに配置⑫されます。

画像を取り込み直したい場合は、[Show QR code]⑬をクリックしてQRコードを表示し、スマートフォンの作業を再度行います。

アドオン「Irasutoya」

CHAPTER 10/3

# 「いらすとや」の素材を利用する

Adobe Expressに「いらすとや」のアドオンを追加すると、
日本人に人気のある、可愛らしくて高品質なイラスト素材を利用できます。

## 1 「Irasutoya」をインストールする

「10-1」「10-2」では、ホーム画面からアドオンをインストールしました。アドオンは、編集画面からインストールすることもできます。作業中にアドオンをインストールしたい場合に便利です。

画面左側のメニューから[**アドオン**]❶をクリックします。

[**見つける**]タブ❷をクリックすると、アドオンが一覧表示されるので、[**Irasutoya**]❸を探してクリックします。

「Irasutoya」の説明が表示されるので、[**追加**]❹をクリックするとインストールされます。

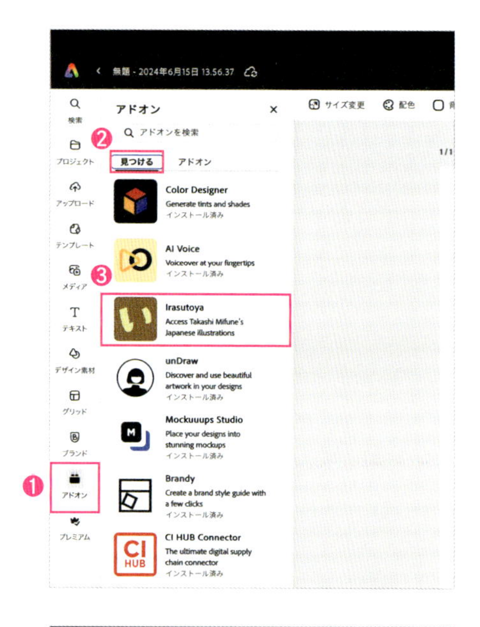

画面右側に利用規定の確認を促すメッセージが表示されるので、[「ご利用について」を確認する]❺をクリックします。

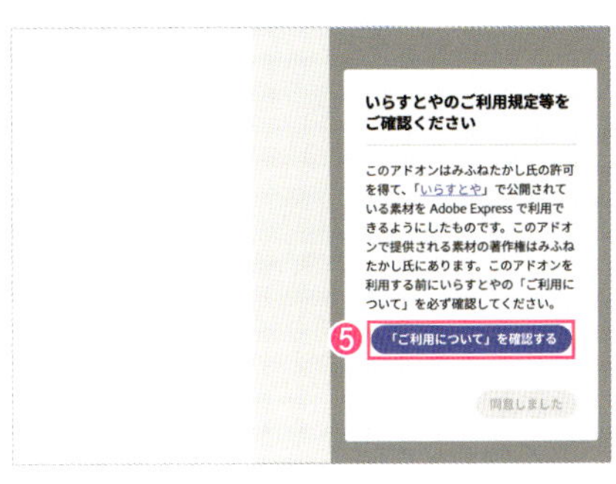


新しいウィンドウに利用規定が表示されるので、内容を確認し、ウィンドウを閉じます。

Adobe Expressの編集画面に戻ると、[同意しました]❻が表示されます。クリックすると、「いらすとや」の素材を利用できます。

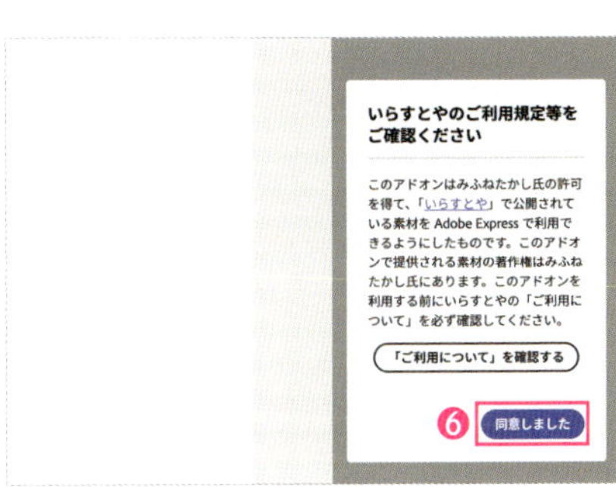


## 2 「いらすとや」のイラストを配置する

画面右側の[検索ボックス]❶にキーワード(ここでは「犬」)を入力すると、該当するイラストが表示されます。

目的のイラスト❷をクリックすると、ページに配置されます。

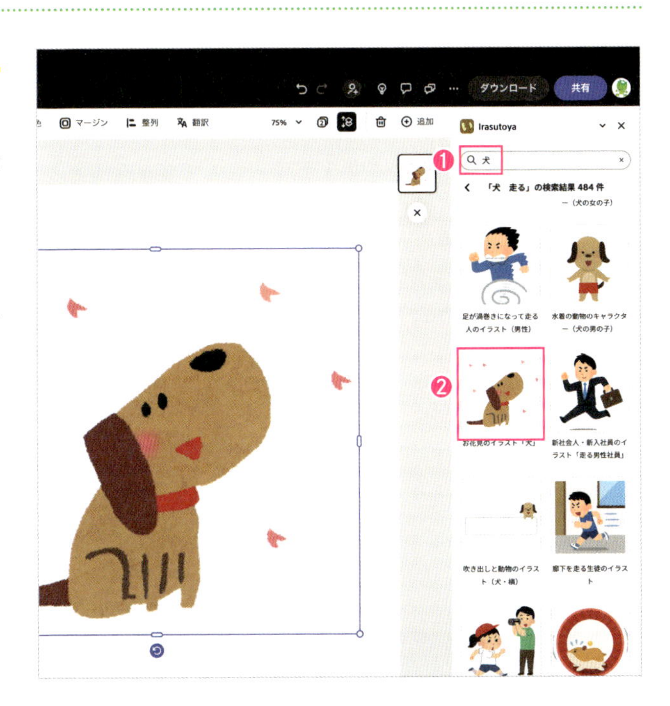

アドオン「Maze Generator」 アドオン「Sudoku Generator」

CHAPTER 10 / 4

# 迷路やパズルを作成する

Adobe Expressのアドオンを使えば、楽しい迷路や数独パズルを簡単に作成できます。デジタルでも印刷しても楽しめるので、家族のアクティビティにぴったりです。

## 1 「Maze Generator」で迷路を作る

アドオン「Maze Generator」をインストールします。インストール方法は、ほかのアドオンと同様です。

任意のサイズで新規ファイルを作成します。

画面左側のメニューから[アドオン]❶をクリックし、[アドオン]タブ❷をクリックして[Maze Generator]❸をクリックします。

画面右側に表示される[Difficulty]のスライダー❹をドラッグします。右方向にスライドさせると難易度が上がり、左方向にスライドさせると難易度が下がります。

[Add to page]❺をクリックすると、迷路がページに配置されます。

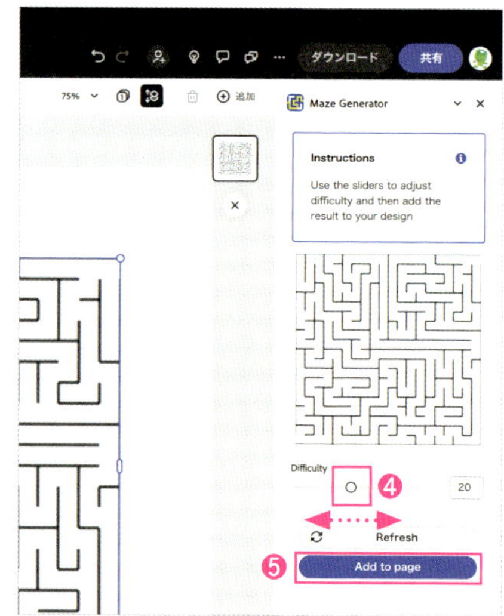

## 2 「Sudoku Generator」で数独パズルを作る

アドオン「Sudoku Generator」をインストールします。インストール方法は、ほかのアドオンと同様です。

ファイルを開きます。

画面左側のメニューから[アドオン]❶をクリックし、[アドオン]タブ❷をクリックして[Sudoku Generator]❸をクリックします。

画面右側に表示されるパネルの[Pick difficulty]❹からパズルの難易度（ここでは[Medium]）を選択します。

[Generate Sudoku]❺をクリックすると、数独パズルがページに配置されます。

## アドオンを削除する

不要なアドオンは削除できます。

アドオンを削除するには、アドオンのアイコンにマウスポインターを重ねると表示されるミートボールメニュー❶をクリックし、[削除]❷を選択します。

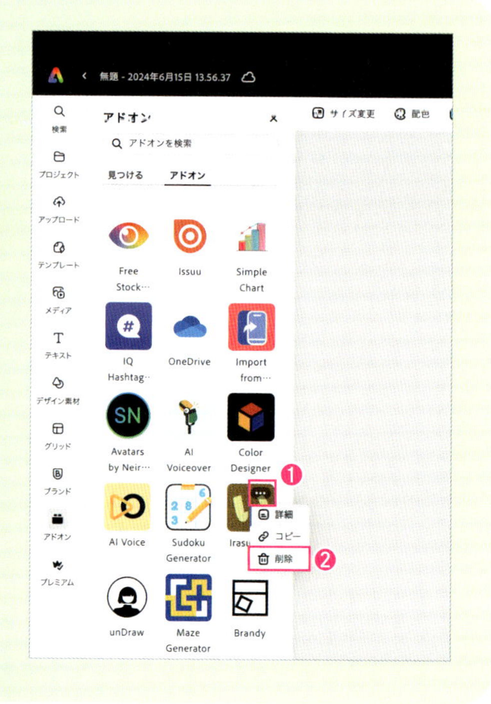

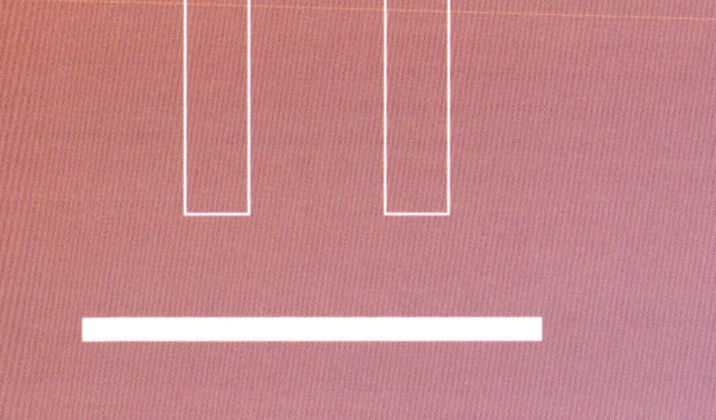

# 11 ほかのサービスと連携する

CHAPTER 11/1

# Wixと連携する

「Wix(ウィックス)」はウェブサイト作成ツールです。Adobe Expressと連携させると、Adobe Expressを利用してウェブサイトを作成したり、クラウドベースでコンテンツを編集したりできます。

## 1 Wixを利用する

Wixは、無料で利用できますが、アカウントの登録が必要です。

アカウントを登録するには、Wix(**https://ja.wix.com/**)にアクセスし、**[無料ではじめる]**❶をクリックすると、ログイン画面が表示されます。

すでにアカウントを所有している場合は、メールアドレスかGoogle、Facebook、Appleのいずれかのアカウント❷でログインします。

アカウントを所有していない場合は、**[新規登録]**❸をクリックして新しいアカウントを作成します。

## 2 WixからAdobe Expressを起動する

Wixにログインすると、編集画面が表示されます。

画面左側のメニューからの[メディア]❶をクリックし、[メディアをアップロード]❷をクリックします。

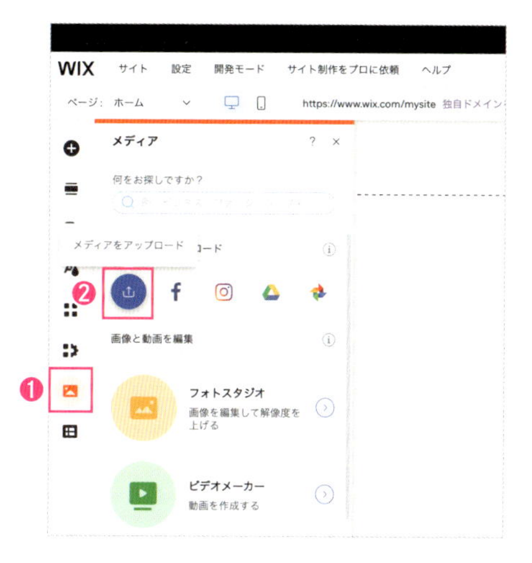


表示された画面に画像のファイルをドラッグ&ドロップするか、[PCからアップロード]❸をクリックしてパソコン内の画像を選択し、アップロードします。

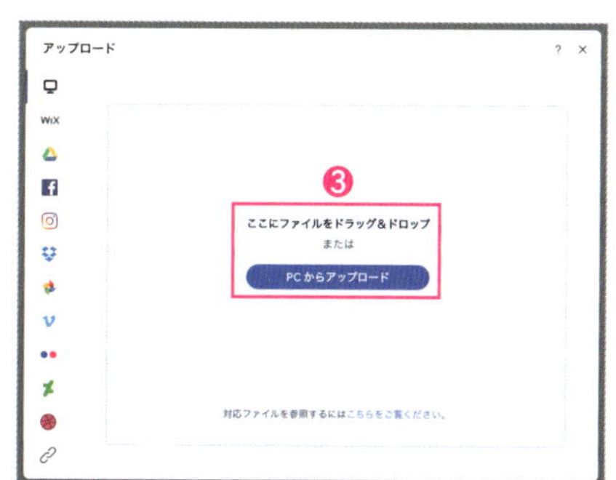


[メディアファイルを選択]画面にアップロードした画像❹が表示されるので、選択し、画面右側のパネルから[Adobe Expressでデザイン]❺をクリックします。

2024年7月現在、WixからAdobe Expressを起動して作成できるメディアは静止画のみです。

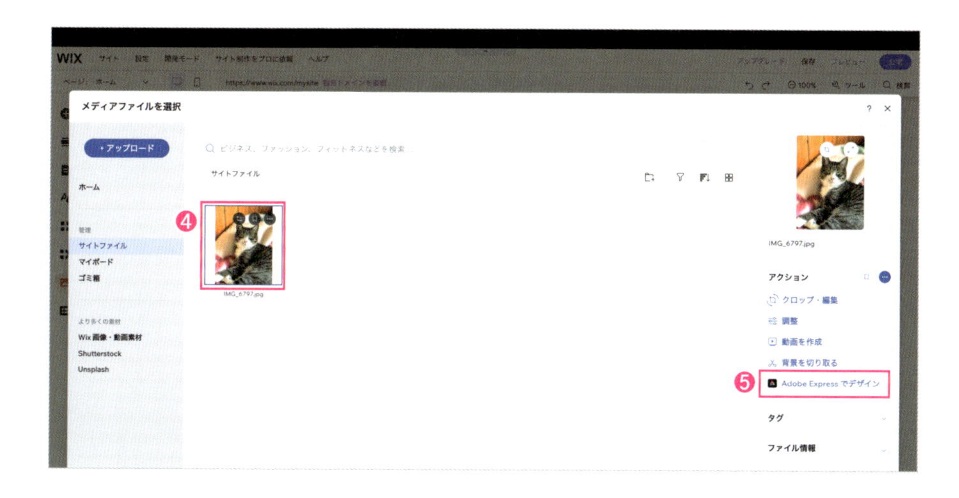

Adobe Expressが起動し、編集画面が表示されます。画像や文字を追加してコンテンツを完成させます。

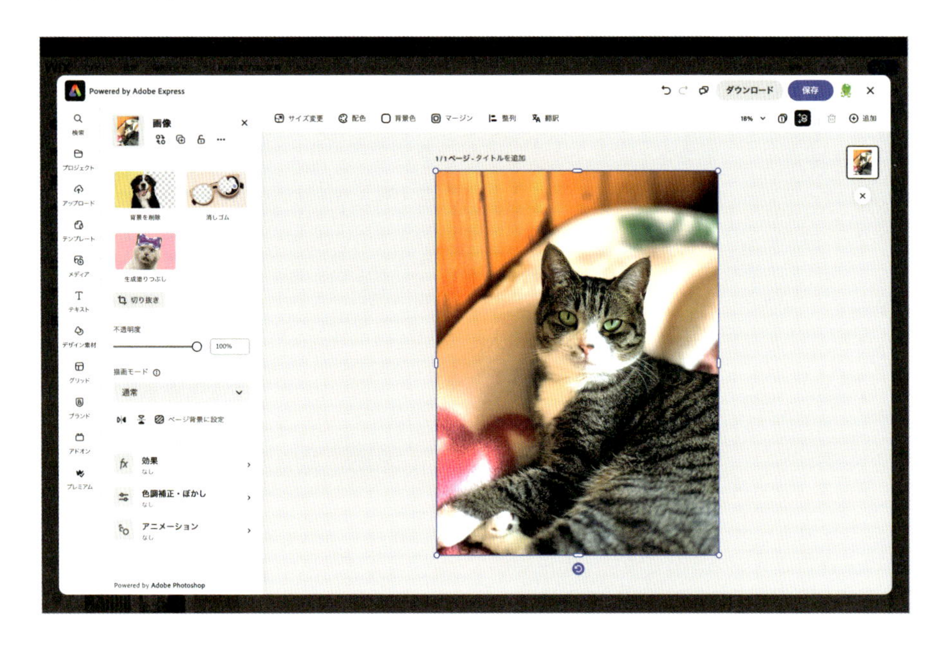


## 3 Wixに保存する

Adobe Expressでコンテンツを作成して保存すると、Wixでも利用できます。

画面上部のメニューから[保存]❶をクリックします。[ページ選択]❷で[選択したページ]を選択し、[ファイル形式]❸では[PNG]または[JPG]を選択します。

画像なので[ビデオ解像度]は気にせず、[保存]❹をクリックします。

Adobe Expressで作成したコンテンツが保存され、[**メディアファイルを選択**]画面に表示されます。

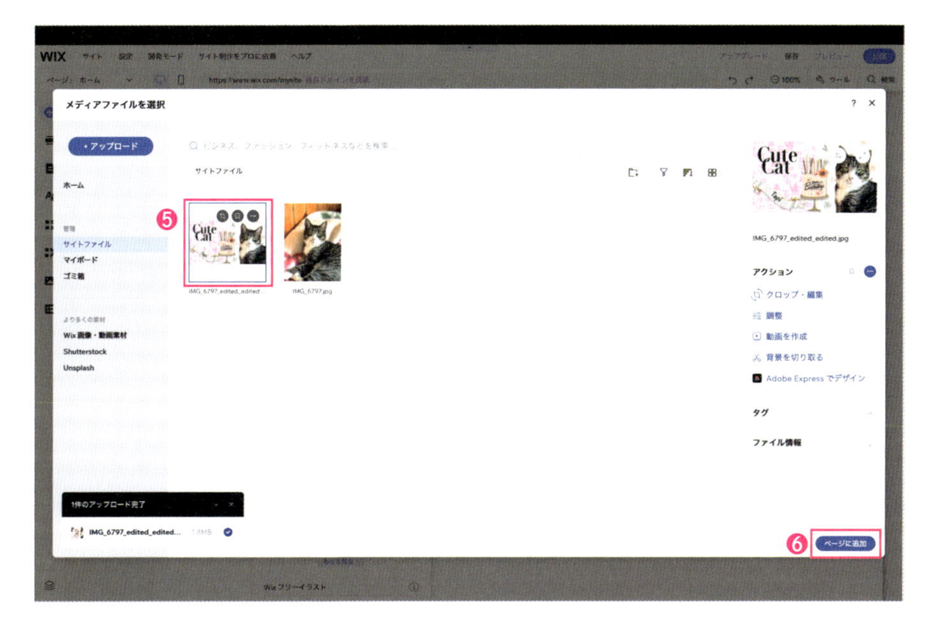


画像❺を選択し、[**ページに追加**]❻をクリックします。

Wixの編集画面に、Adobe Expressで作成した画像が追加されました。

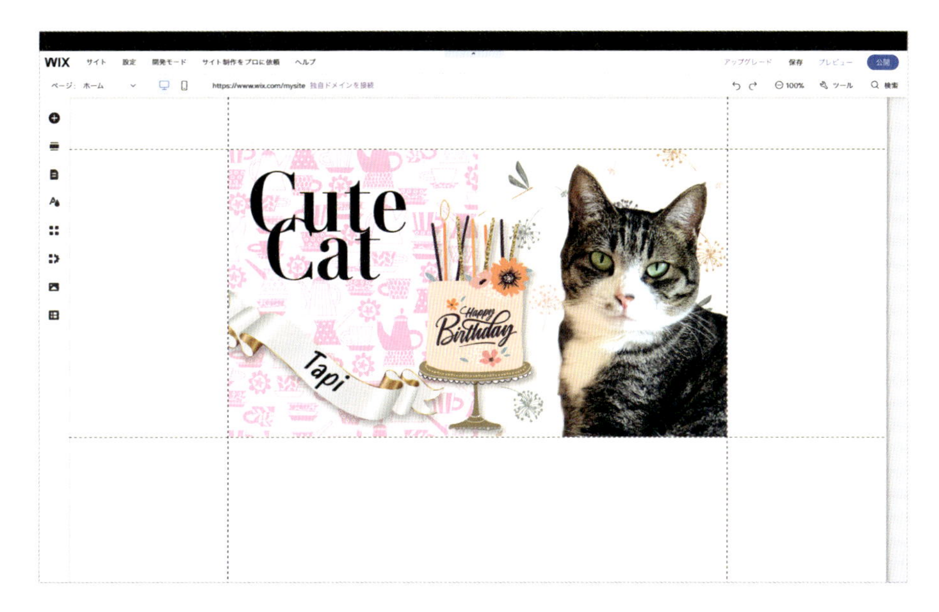

## 4 Adobe Expressで修正する

Wixで画像❶を選択し、[画像を変更]❷をクリックします。

[画像を選択]画面が表示されるので、コンテンツ❸を選択し、[Adobe Expressでデザイン]❹をクリックすると、Adobe Expressが起動してコンテンツが表示されます。

コンテンツを編集し、画面上部のメニューから[保存]❺をクリックして保存します。

Wixに Adobe Expressで編集したコンテンツが保存されます。

ウェブサイト作成ツールであるWixとAdobe Expressを連携することで、パソコンにダウンロードすることなくデータの連携が可能になりました。

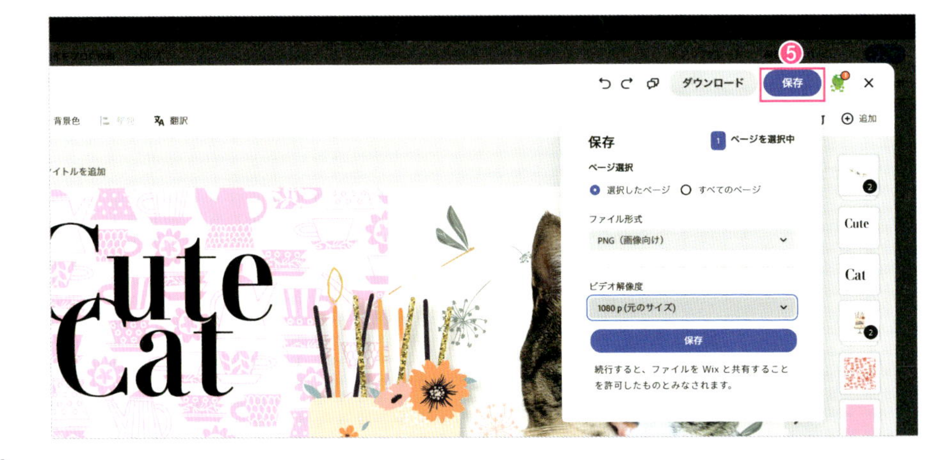

## 5 Adobe Expressでコンテンツを確認する

WixからAdobe Expressを起動してコンテンツを作成すると、Adobe Expressの[プロジェクト]❶内に[Wix]フォルダー❷が作成されます。

[Wix]フォルダーをクリックすると、作成した画像❸が保存されています。

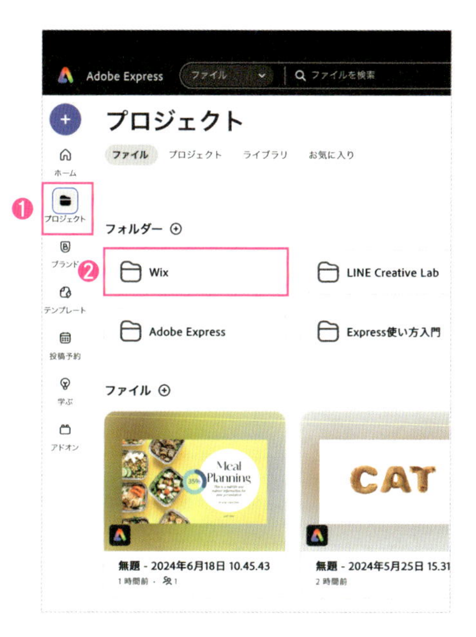


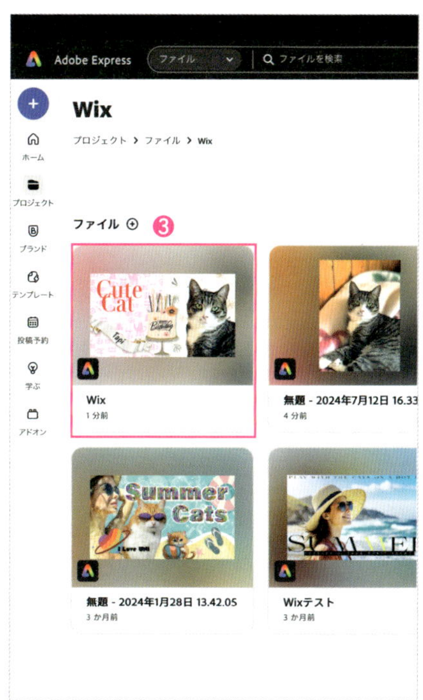

CHAPTER 11/2

# noteの見出し画像を作成する

Adobe Expressでは、人気のWebプラットフォーム「note(ノート)」の見出し画像を作成できます。魅力的な見出し画像を作成し、インプレッションを上げましょう。

## 1 noteの見出し画像をAdobe Expressで作成する

note(**https://note.com/info**)にアクセスしてログインします。

noteをはじめて利用する場合は、アカウントを作成します。アカウントには、GoogleやAppleのアカウントのほか、メールアドレスを登録できます。

noteの[**投稿**]❶をクリックし、作成する記事❷を選択します。

記事作成画面の[**見出し画像**]❸をクリックし、[**Adobe Expressで画像をつくる**]❹をクリックします。

### noteとは

「note」とは、文字や画像、音声、動画など、さまざまなコンテンツを投稿・販売できる無料のプラットフォームです。初心者でも簡単に操作できるのが特徴です。

Adobe Expressの編集画面が表示されます。

**[note見出し画像]**のテンプレートが表示されているので、使いたいテンプレート❺を選択します。

文字や画像を変更したい場合は、必要に応じて編集してください。

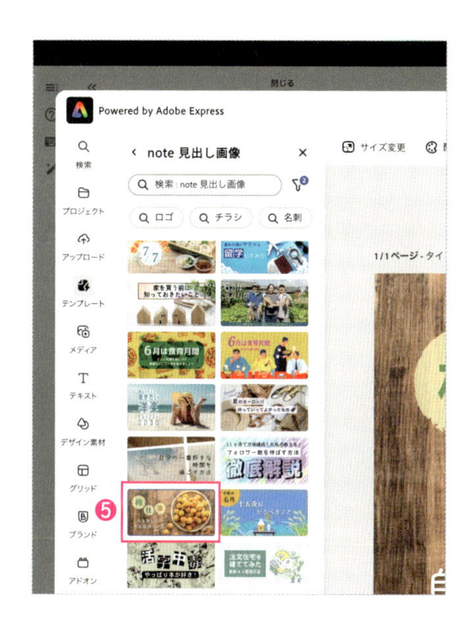


編集が終わったら、画面上部の**[挿入]**❻をクリックし、**[ファイル形式]**❼から**[PNG(画像向け)]**を選択して**[挿入]**❽をクリックします。

noteの編集画面にAdobe Expressで作成した見出し画像❾が挿入されます。

タイトルや記事を書いて公開しましょう。

## 2 Adobe Expressでコンテンツを確認する

noteからAdobe Expressを起動してコンテンツを作成すると、Adobe Expressのプロジェクト❶内に[note]フォルダー❷が作成されます。

[note]フォルダーをクリックすると、作成したnoteの見出し画像❸が保存されています。

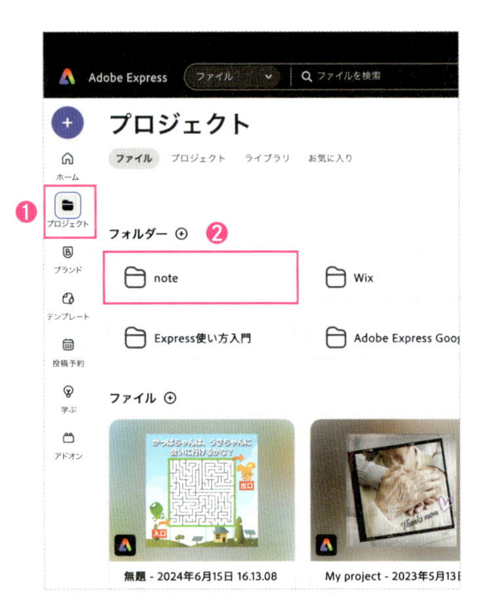


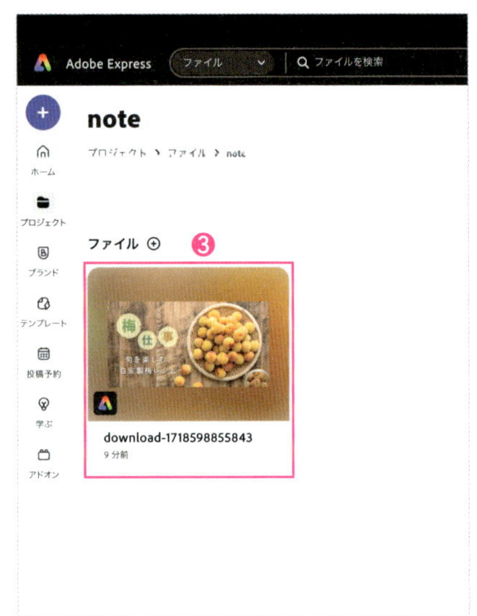

## Adobe Expressでnoteの見出し画像を修正する

Adobe Expressの[プロジェクト]からnoteの見出し画像を開いて修正します。

Adobe Expressで直接修正したコンテンツは、そのままではnoteに反映されません。

反映させるには、noteの編集画面から見出し画像の[編集]❶をクリックします。

Adobe Expressに見出し画像が表示されるので、必要に応じて修正します。画面上部の[保存]❷をクリックし、[保存]❸をクリックすると、noteの編集画面でも見出し画像❹が更新されます。

CHAPTER 11/3

# LINEのリッチメッセージを作成する

「リッチメッセージ」とは、画像や動画を使って視覚的に訴求力のあるメッセージのことです。
Adobe Expressを利用すると、プロフェッショナルなリッチメッセージを作成できます。

## 1 LINE Creative Labにログインする

LINE Creative Labを利用するには、LINE Business IDが必要です。

LINE Creative Lab(**https://creativelab.line.biz/**)にアクセスします。

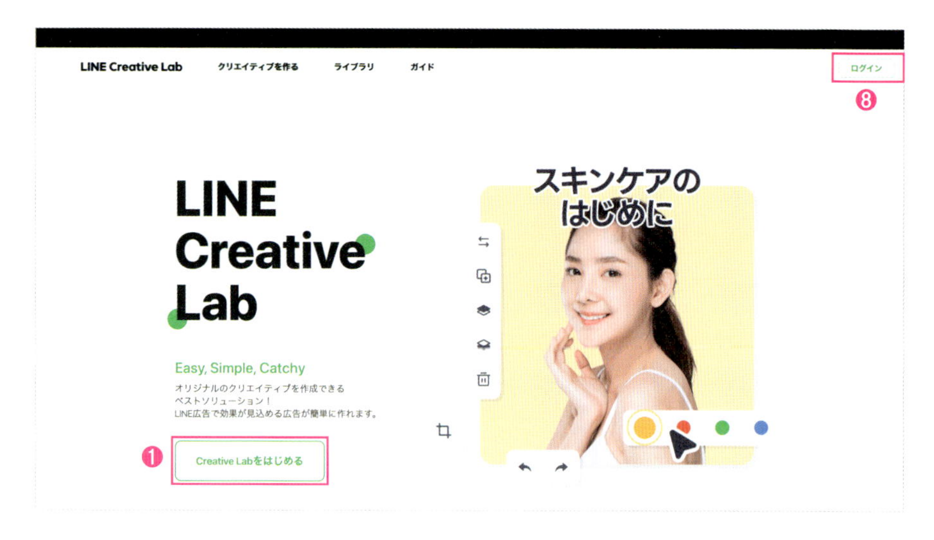


はじめて利用する場合は、**[Creative Labをはじめる]** ❶をクリックします。

ログイン方法(今回は**[LINEアカウントでログイン]**)❷をクリックします。

[メールアドレス]と[パスワード]❸を入力し、[ログイン]❹をクリックします。

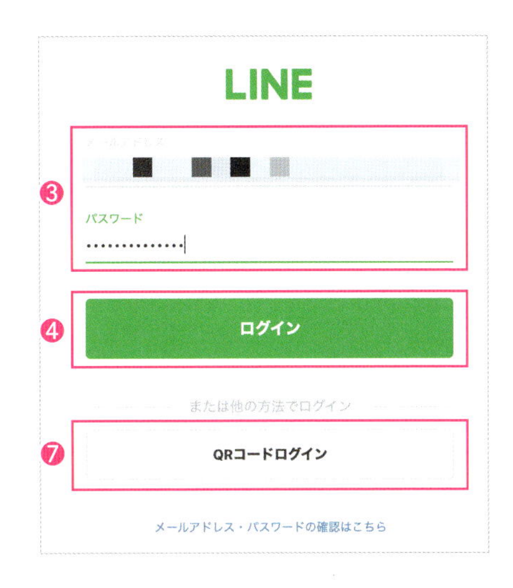


アカウント❺を選択し、[確認]❻をクリックすると、LINE Creative Labにログインできます。

[QRコードログイン]❼をクリックすると、QRコードが表示されます。スマートフォンのLINEアプリでQRコードを読み取ると、パソコンの画面に暗証番号が表示されるので、スマートフォンに暗証番号を入力するとログインできます。

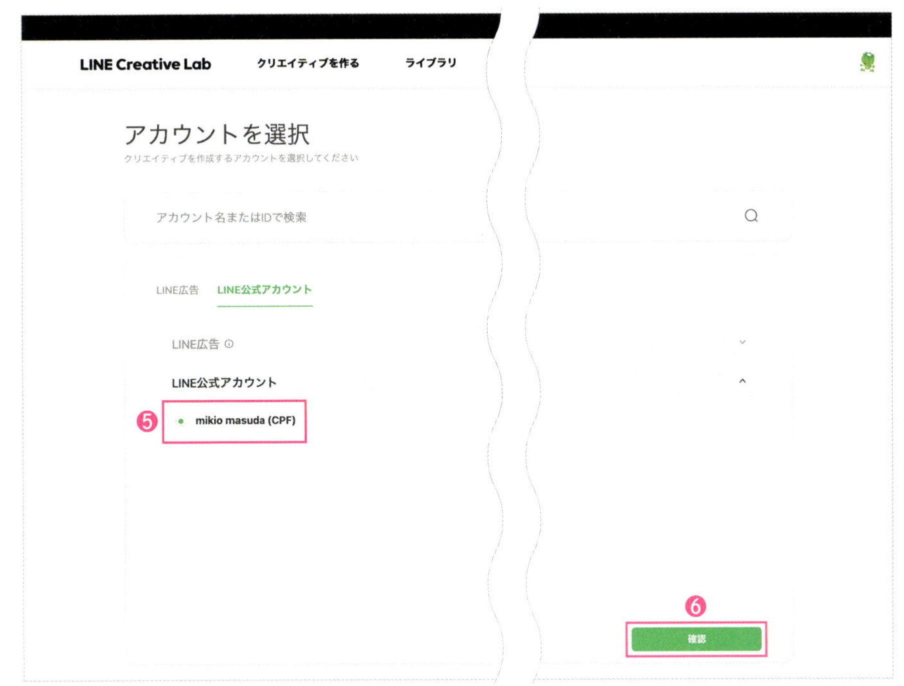


次回以降は、LINE Creative Labの右上に表示される[ログイン]❽をクリックしてログインします。

## 2 Adobe ExpressでLINEのリッチメッセージを作成する

LINE Creative Labの画面の右上にある[Adobe Expressで作成]❶をクリックします。

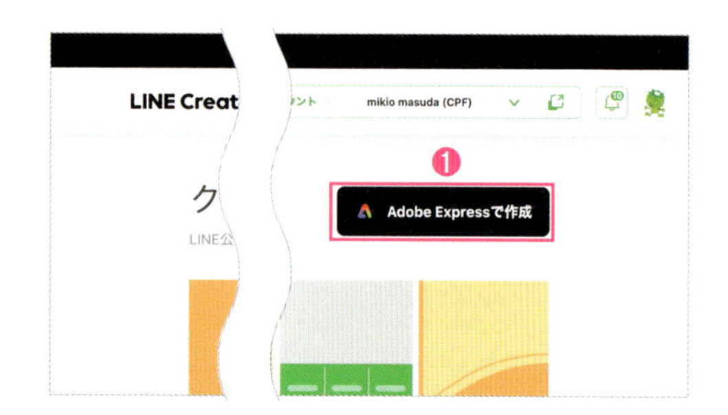


[メッセージアイテム]にある[リッチメッセージ]❷をクリックします。

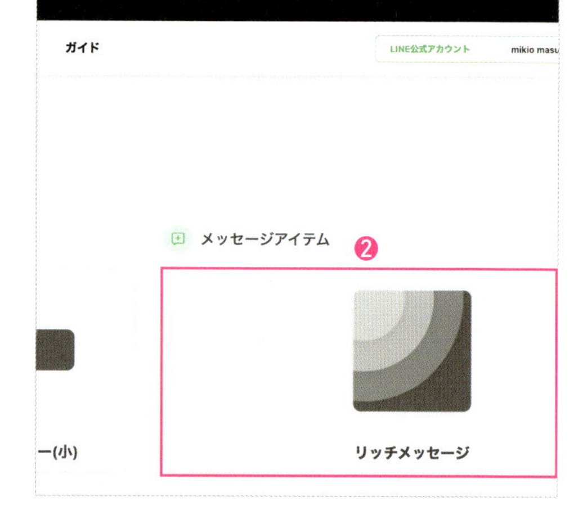


画面左側のパネルにリッチメッセージのテンプレートが表示されるので、イメージに合うテンプレート❸を選択し、必要に応じて編集します。

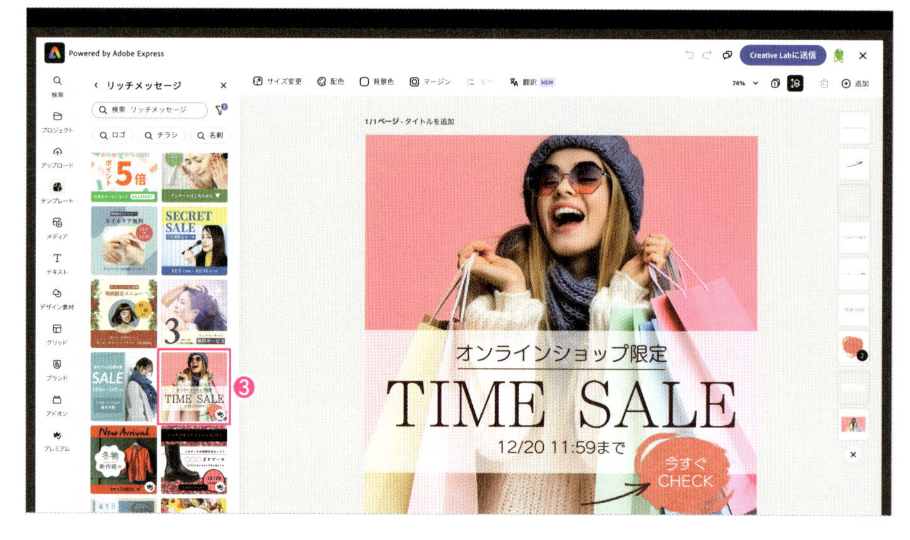

画面上部の[**Creative Labに送信**]❹をクリックし、[**ファイル形式**]❺から[**PNG(画像向け)**]を選択して、[**Creative Labに送信**]❻をクリックします。

表示される画面で[**ダウンロード**]❼をクリックします。

ダウンロードに成功するとメッセージが表示されるので、[**LINE公式アカウントに移動**]❽をクリックします。

表示された画面からご自身のアカウント❾を選択してください。

画面左側にメニューが表示されるので、[**メッセージアイテム**]にある[**リッチメッセージ**]⑩をクリックします。

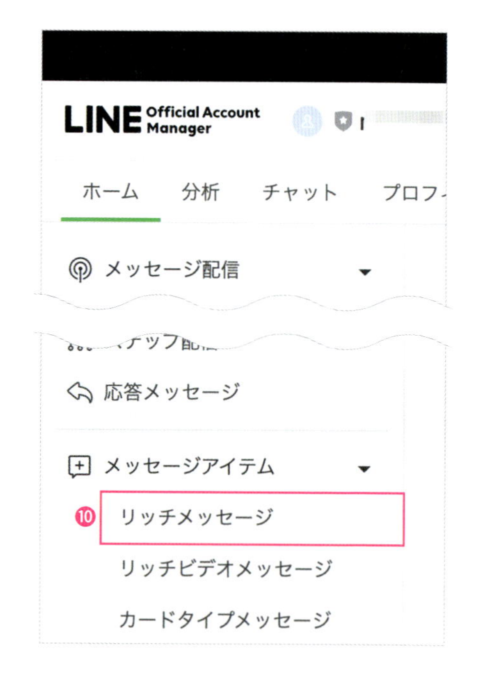


表示される画面で[**リッチメッセージを作成**]⑪をクリックすると、リッチメッセージの作成画面が表示されます。リッチメッセージを作成しましょう。

リッチメッセージの作成方法の詳細については、「LINEヤフー for Business」のマニュアルを参照してください。
https://www.lycbiz.com/jp/manual/OfficialAccountManager/rich-messages/

## 3 Adobe Expressでリッチメッセージを修正する

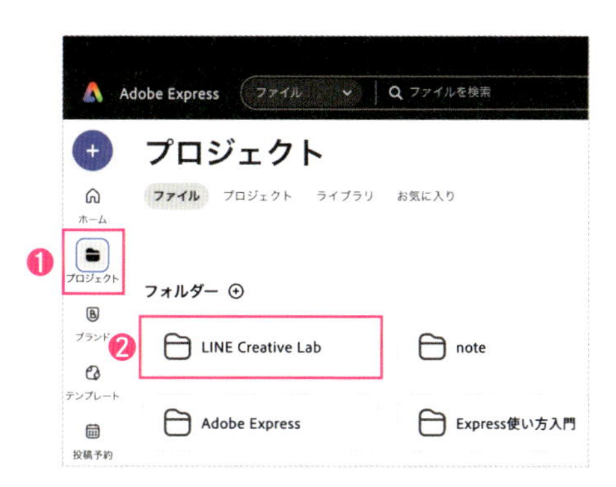


LINE Creative Labからリッチメッセージを作成すると、Adobe Expressのプロジェクト❶内に[LINE Creative Lab]フォルダー❷が作成されます。

[LINE Creative Lab]フォルダーをクリックすると、作成したリッチメッセージ❸が保存されています。

リッチメッセージを開いて修正します。ここでは、背景写真❹を変更しました。

画面上部のメニューから[ダウンロード]❺をクリックし、[ファイル形式]❻から[PNG（画像向け）]を選択して[ダウンロード]❼をクリックすると、パソコンにダウンロードされます。

ダウンロードした画像を使用してリッチメッセージを作成するには、「LINE Official Account Manager」にアクセスして作成します。

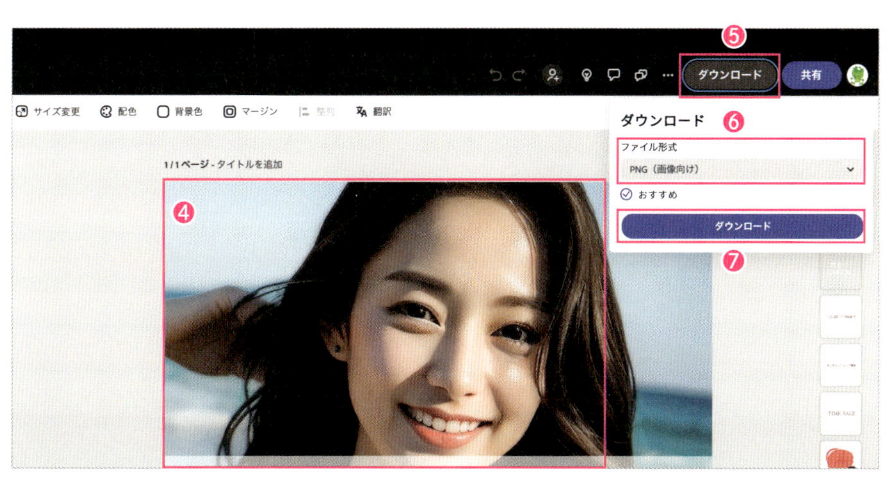

PROFILE

## 増田 幹男　Masuda Mikio

Adobe Community Expert
Adobe Express Ambassador（2023～2024）
Wixパートナー
Wix Studio Web Designer certification 取得
エム.クリエイティブルーム 代表
広告代理店を経て1996年にフリーランスデザイナーとして独立。
2004～2011年足利工業大学にてAdobeFlashの特別講師を務める。
『初心者でも今すぐ使える！　Wixでホームページ制作（2019年版）』『初心者でも今すぐ使える！　Wixでホームページ制作（2020年版）』（カットシステム）を共著で出版。
Xでは「増田弘左衛門（七代目）」としてクリエイティブに役立つ情報を発信中。

URL：https://www.mcreativeroom.com/
X：増田弘左衛門（七代目）＠spookymcr

# Adobe Express使い方入門

2024年9月6日　　初版第1刷発行

著　者　　増田 幹男

装丁・本文デザイン　Power Design Inc.
編集制作　羽石 相

発行人　片柳 秀夫
編集人　平松 裕子

発　行　ソシム株式会社
https://www.socym.co.jp/
〒101-0064
東京都千代田区神田猿楽町1-5-15猿楽町SSビル
TEL：03-5217-2400（代表）
FAX：03-5217-2420

印刷・製本　シナノ印刷株式会社

定価はカバーに表示してあります。
落丁・乱丁本は弊社編集部までお送りください。
送料弊社負担にてお取替えいたします。

ISBN978-4-8026-1481-8